桂浜水族館
公式BOOK

ハマスイの
ゆかいないきもの

What's ハマスイ

　1931年4月1日、土佐湾に生息する魚を生かして見せたいと初代館長「永國 亀齢」が地元の友人に働きかけ、爆誕！　さまざまな苦難を乗り越え、時代の波に翻弄されながらも逞しく生き抜いてきた。

　しかし次々ときれいで新しい水族館が建ち、流行や文化が目まぐるしく変化するなか、昭和時代に取り残されたような見た目に加え、ここに来なければ見ることができない珍しい生きものが多くいるわけでもないこの水族館は、地元民にとっても幼少期に遠足で訪れたら最後記憶から消える場所であった。

　長い間、暗い、狭い、ぼろい、臭い…と言われ続け、重なった職員一斉退職事件は全国ニュースにもなり、浜辺の小さな水族館は「高知の恥」として一気に嫌われ者となる。

　このままではいかん。創業85周年を迎えた折、「なんか変わるで 桂浜水族館」をスローガンに改革をスタート。
　その一環として始めたSNSの活用と公式マスコットキャラクター「おとどちゃん」の誕生。マイナスをプラスに変えるべく新たに集まった飼育員たち。2018年には新館長が就任し、改革を加速した。

　Twitterでは飼育員にフォーカスを当て、魚や動物だけでなく飼育員がいる日常を発信し、はじめこそ否定的な意見が多くあったものの、一発逆転に成功。

　2020年には、新型コロナウイルスの蔓延により戦後初の一カ月に及ぶ休館を余儀なくされるも、持ち前の明るさを武器に、人間と動物が紡ぐ愛の数々を発信し続け、たびたびネットニュースやメディアに取り上げられるようになった。

　普通や常識を覆すことで全国的にも有名な水族館となり、嫌われ者から脱却。

　今や、高知と言えば「桂浜水族館」といっても過言ではない…?（笑）

「入館料高くない?」

　そんな声も珍しくない。
　チケット売り場でそう言った人たちが、帰り際「思ってたより楽しかった」と笑いながら帰っていく。

　そうでしょう。日本一いや世界一、宇宙一なんか変わった水族館なんです。

　まあ、いっぺん来てみぃ～や。

　365日毎日営業。あぁしんど…。

ハマスイ**5**つの魅力

1

いきものとの 距離が近い!!

創業90年を迎えるハマスイはかなり年季の入った施設。だけどそれゆえ展示やショーを近くで見ることができます。カワウソ、ペンギン、ウミガメ、カピバラ、海水魚の餌やりなど体験型イベントが充実しているのも特徴!

2

アットホームな 味わい!!

来館者を最大限の努力で喜ばせたい! そんな思いから、館内にはスタッフがアイデアを出し合い、工夫を凝らした展示が盛りだくさん。ショーや展示を見る合間に、スタッフ手づくりのあれこれをチェックして。

3

魚が 食べたくなる!!

ハマスイのコンセプトのひとつが「食育」。土佐近海の魚を中心に展示しているとあって、食卓でおなじみの魚もたくさんいます。新鮮な魚を前に、味わいや調理法などの解説を読めば、魚料理を食べたくなるはず!

4

SNSがとにかく 楽しい!!

Twitter担当・おとどちゃんが連日バズらせまくり! この本を手に取ってくれた人はTwitterは見てくれてるかもしれませんが、ホームページ、YouTube、Facebook、Instagramも随時更新中なのでそちらもぜひ!

5

ロケーションが すばらしい!!

振り返ればそこは桂浜。浜辺の水族館ということを最大限に生かしてレイアウトされていて、休憩スペースは館内も海も楽しめる配置に。ショーの最中も、背景には雄大な太平洋の水平線が広がっています。

Contents

Map

2021年1月現在のハマスイの館内マップです。
レイアウトは時々変更されます。

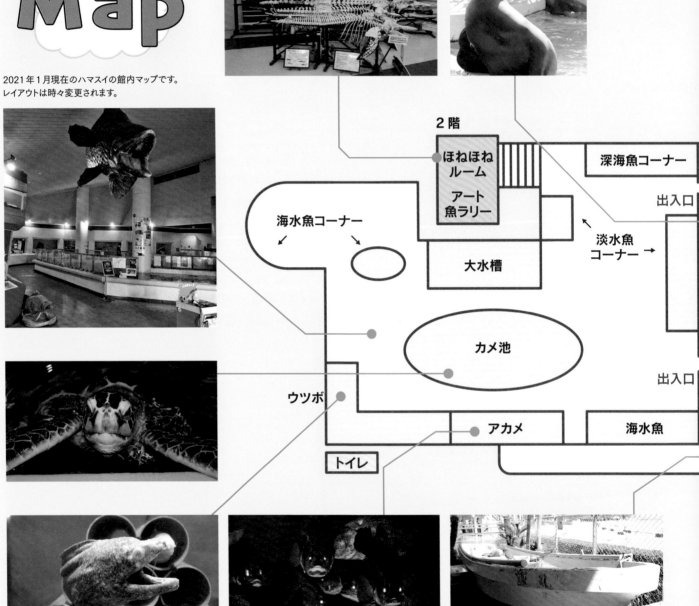

2階

ほねほね
ルーム

アート
魚ラリー

深海魚コーナー

出入口

海水魚コーナー

大水槽

淡水魚
コーナー →

カメ池

出入口

ウツボ

アカメ

海水魚

トイレ

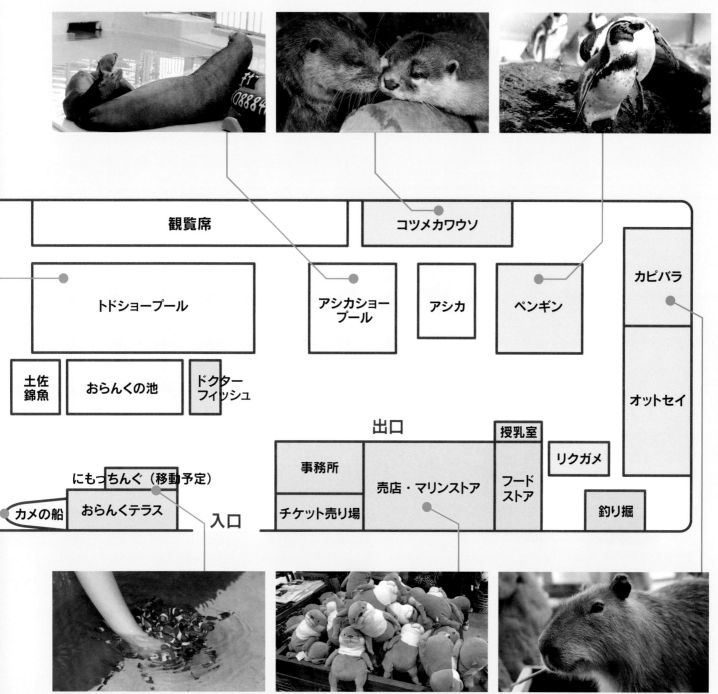

観覧席

コツメカワウソ

カピバラ

トドショープール

アシカショープール

アシカ

ペンギン

オットセイ

土佐錦魚

おらんくの池

ドクターフィッシュ

リクガメ

授乳室

出口

事務所

売店・マリンストア

フードストア

釣り掘

チケット売り場

にもっちんぐ（移動予定）

カメの船

おらんくテラス

入口

館内に
あるよ!!

ハマスイのゆかいな

POP

至るところに掲示してある
POPの中から、シュールな力作をご紹介。
ハマスイに行ったら探してみて!

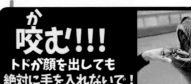

CHAPTER

1

ハマスイのゆかいな

海獣

ハマスイは、今日もゆかいでハッピー！

12

写真の子の名前、
わかるかな？

みんなのえい顔、見て！

ハマスイのゆかいな
コツメカワウソ

小さくてすばしっこくて懐っこい。
ハマスイで暮らす3頭のコツメカワウソは
ショーでもSNSでも大人気！
最近では4頭の赤ちゃんが生まれ、
ますますカワウソ人気が盛り上がっております。

テン

生年月日 **2004年9月7日**	性別 ♂

愛知県の東山動植物園出身。4兄弟として生まれ、一番のご長寿で人間でたとえると90歳！ 平均寿命が13〜15歳といわれるカワウソの中ではすっかり後期高齢者だけど、元気いっぱい！ 目標は長生き。最近は昼寝がサイコー！

おうじ
王子

生年月日 **2010年11月13日**	性別 ♂

大分マリーンパレス水族館うみたまご出身。ハマスイイチの芸達者で、誰にでも全力で愛嬌をふりまいてくれる姿は王子様というよりアイドル。足が届かない水中はちょっぴり苦手で、人工哺育カワウソくん。

おう
桜

生年月日 **2014年10月12日**	性別 ♀

2020年2月28日に福岡市動植物園からやって来た桜。王子のお嫁さんとして迎え、9月27日に妊娠・出産を果たしました！ ちょっぴり気が強めの食欲旺盛なぽちゃかわガール。

噛みしめて、
ひるめっしゃ!!

うぅ……脳内を木霊する……ダメだ………。

20

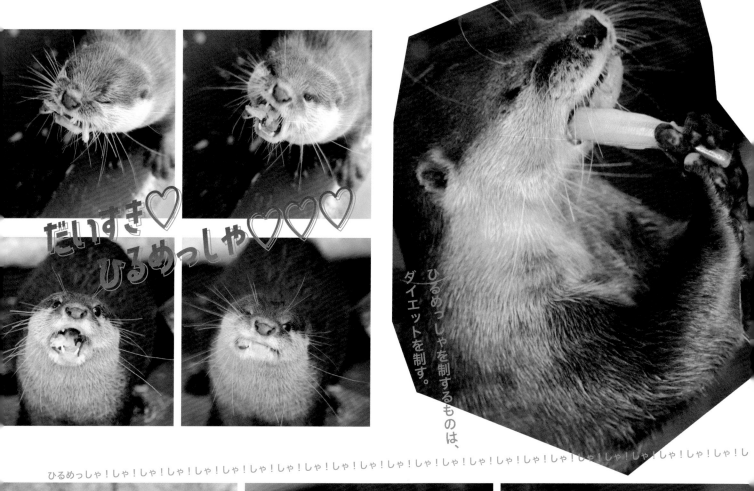

だいすき♡
ひるめっしゃ♡♡♡

ひるめっしゃを制するものは、ダイエットを制す。

ひるめっしゃ！し

ひるめっしゃも言えなくて、夏

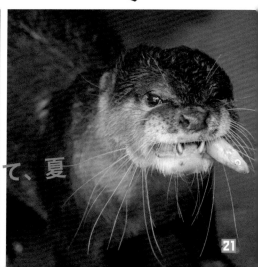

恋人の
手はおいしい

まるのんとヤブとさめの 飼育員日誌

まるのん

ヤブ

さめ

仲睦じい王子＆桜夫婦に
長老テンがまさかのヤキモチ!?

まるのん： ハマスイのカワウソビッグニュースはやっぱり桜ちゃんの出産やね。

ヤブ： しっかり子育てしてて、びっくりしたし、日々感動する。王子と夫婦仲もいいし、ハマスイのカワウソの将来はひとまず安泰ですね！

さめ： カワウソの子育てについては、出産ニュースのページを見てもらうとして、今じゃ育児に積極的な桜ちゃんだけど、性格は割とクールなイメージでした。

ヤブ： 今じゃしっかり者のお母さんですよ。特技はロープトルネードスピン！

まるのん： お父さんの王子の特技はハイジャンプで、ショーの人気者。飼育員大好きな懐っこいカワウソ。

さめ： うん、王子は本当に芸達者。

ヤブ： バイバイ、ジャンプ、死んだふりとかもするし、ペットボトル拾いなんて技も披露してくれる。他にもいろんな技ができるスターカワウソ。

まるのん： でも、王子・桜夫婦と、長老カワウソのテンはあんまり仲良くないという…（笑）。テンは王子と桜が来るよりずいぶん前からハマスイで活躍してたカワウソで、今じゃ1番のおじいちゃん。16歳の超高齢やけど、特技のヘソ天を見せてくれた

り、まだまだ現役バリバリで活躍してるで！

さめ： おじいちゃんなだけに、動きがゆっくりでそこもかわいい。

ヤブ： 最近は餌を食べる勢いが前よりなくなってきたり、瞳が濁ってきたり、歳とともにちょっとずつ疾患がでてきて、ちょっと心配。薬を入れて給餌をしたり、点眼をしたり、できる限りのケアは僕らが頑張りましょう！

さめ： 薬を切らすとすぐにくしゃみ・鼻水が出てしまうから毎日気が抜けないけど、食欲もあるし、たくさん睡眠もとってるからまだまだ元気でいてくれるはずですよ。

まるのん： テンはそれですやすや寝てる姿を写真に撮られることが増えたね。

さめ： お客さんにはアクリル板越しでもすごい近距離でお腹を出してる姿があざとかわいくて人気がありますね。

ヤブ： テンは今はひとりで過ごしてるけど、さっきチラッとまるのんが話したように、カワウソ同士の関係性もちょっと面白い。

まるのん： テンは桜のことはちょっと気になるみたいだけど、桜はテンが苦手。桜は王子と相思相愛だから、切ないね。

さめ： 王子の方は、テンについては？

まるのん： ん〜〜とね、無関心かな（笑）。

王子と桜の間に
4頭の子どもが生まれたで！

2020年9月の終わりに桜の妊娠＆出産の嬉しいニュースに沸いたハマスイ。
この本を作りゆう現在は生まれてまだ4ヶ月ばかりやけど、見るたびに変化があって、ほんまに尊い。
2020年末に公開されたばかりで大人気のカワウソの子どもたちが、日に日にすくすくと成長してきた様子をご報告します！

9月上旬
まるのんが妊娠に気づく

桜ちゃんのふっくらしてきたお腹と体重増加に気づいたけれど「太っただけかな？」と思い、様子を見守ることに。2月に繁殖のためにやってきた桜は、来た当初から王子と匂いを嗅ぎ合ったり、スキンシップが多く、あっという間に仲よしになり、夫婦で一緒に暮らしていたのだ！

9/28
生後0日目

9/29
生後1日目

4頭ともちゃんと母乳を飲めているのか、めっちゃ不安。桜ちゃんは授乳中、1頭でもはぐれている仔がいたらおっぱいの位置まで誘導してくれてはいるけど。今は親の食事管理と掃除を可能な限りすることと観察と記録に励むのみ。

桜出産！

まず早朝に1頭出産！ その後、午後1時ごろに3頭立て続けに生まれた。赤ちゃんの体長はそれぞれ約17cm、重さは約60g。ピィピィと鳴きながら母乳を飲む子どもたちをしっかり抱きかかえる桜ちゃんは、初産にしてすでにお母さんの顔。しばらくの間、母子は寝室で生活することに。

授乳中！

10/1
生後3日目

すやすや眠るベイビーズ。

10/2
生後4日目

4頭とも今日もごくごくおっぱい飲む。王子と桜ちゃんもいっぱいご飯食べてくれるし、順調♪

10/5
生後7日目

桜ちゃんが許してくれたので、赤ちゃんを取り上げられたこの日。性別が80%くらい判明! おそらくオス2頭、メス2頭。もう少し赤ちゃんが大きくなったらはっきりするはず。

10/7
生後9日目

体重は順調! 2日でなんと約10%も増加。すごい!

10/9
生後11日目

性別は生殖器で判断しているけれど、もう少し大きくなったらハッキリわかるはず。

10/10
生後12日目

自分の力である程度動けるようになってきた赤ちゃんたち。桜ちゃんのおっぱいに自力で向かうようになり、体重も増えてきました。

10/12
生後14日目

手の中にすっぽり♡

10/13
生後15日目

毎日、自重の6〜8%ほど体重が増えていく。そろそろ眼が開くかな? もう目が開いた男の子もいます。

10/17
生後19日目

この日、1頭200gを超えました。鳴き声が力強くなってきて、カワウソ独特の横顔のラインが出てきました。自力で少しだけ動けるようにも。

10/20
生後22日目

3頭が体重200g超えに! ベイビーズはみんな毎日8gほどずつ成長中。目が開いた仔も増えてきました。

10/23
生後25日目

みんな乳吸いまくりヨ!

もうみんな歯が生えてきたけれど、大きいオスだけ眼がまだ開かず。他の仔はうっすらどちらかの眼が開いてきました。赤ちゃんたちは桜ちゃんが授乳しようとする前におっぱいに吸い付くようになってきたけど、それとともに桜ちゃんの食欲も旺盛に。それなのに桜ちゃんの体重は増えません。授乳ってエネルギー使うんだろうなぁ。

BIG NEWS
王子と桜の間に4頭の子どもが生まれたで！

10/28
生後30日目

コツメカワウソベイビーズの生後1ヶ月記念日！3頭ほぼ両目開眼したけど、1頭まだ目が開かない仔も。みんな元気に成長中！ただ、体重は1週間前と比べると緩やかになっていて、少し心配。

11/2
生後35日目

歯が鋭くなってきました。残りの1頭はまだ目が開かず……ですが、体重は307gに！いち早く300g超え。これから個性が出てくるのが楽しみ。王子は最近、仔を咥えて巣から持ち出すため、桜ちゃんによく怒られています。

この仔だけまだ目が開かない……心配……

11/11
生後44日目

いよいよ全頭の体重が300g超えに！大きい子はもう369g。昨日、初めて赤ちゃんに威嚇されて、桜ちゃんが桂浜にやってきた時のことを思い出しました。

11/5
生後38日目

朗報！なかなか眼が開かず心配していた大きいオスの目が開眼！歯もかなり鋭くなってきました。なんか一安心。他の仔たちも順調です。首元を掴む持ち方は、王子と桜ちゃんがやっていたのでそれに倣ったもの。親は結構乱暴に仔を扱うけど、飼育員はそーっと掴んでいます。

11/25
生後58日目

すっかりカワウソらしくなってきたベイビーズ。おっぱいに自分から吸い付きに行くので桜ちゃんママもびっくりです。

12/25
生後88日目

12月に入って徐々に離乳し、ひるめっしゃーのDNAを感じる食欲を見せるようになったベイビーズ。12/25のクリスマスに秀太郎、文太郎、楓、お浜とそれぞれ名前を授かりました。今後の個々の成長が楽しみ！

27

なでしこ

生年月日 2011年7月1日	性別 ♀

三重県にある伊勢シーパラダイスから2012年にハマスイへやって来た、上目遣いがキュートな女の子♡ 性格は生真面目で運動神経抜群！寝起きは目が腫れてることもあるけど、お得意の顔芸でファンを虜にしています。

ニコ

生年月日 2014年6月30日	性別 ♀

新潟県にある新潟市水族館マリンピア日本海出身。名前の由来は新潟の「に」と高知の「こ」から。好奇心旺盛で天真爛漫なかわいらしさと、頭脳派で妙に賢いという2面性あり。毎日一生懸命飼育員と色んな技を練習中！

ハマスイのゆかいな

トド

トドショーではダイナミックな動きや器用な小技など、意外な技を次々と惜しげもなく披露しまくり！客席の目の前へ出て来てのパフォーマンスが見られるのは、日本ではおそらくハマスイだけ！

もう一生
酒飲まん…

まるのんとヤブとさめの
飼育員日誌

まるのん

ヤブ

さめ

天真爛漫！無邪気なニコと
たま～にやらかすなでしこ

ヤブ：トドの2頭はすごい仲がいいですね。

まるのん：お姉ちゃんのなでしこに、ニコがかまってほしくてよくちょっかいをかけてるよね。ニコはなでしこに対して勝ちたい気持ちがある感じ。そうやって仕掛けていっても、ケンカになったら100％なでしこが勝つがやけど。なでしこの方は、ニコのことがかわいくて、妹のように思ってる感じがするね。

さめ：かまってトドのニコはなでしこが寝ている場所で自分も寝たくて、どんなに狭い場所でも体をねじ込んで行って寝ちゃう（笑）。

ヤブ：ニコは好奇心旺盛な子だから。おてんばっていうか。おもちゃで遊ぶのが大好きで、僕がプール周りの掃除をしていたら、ステージに上がってきて水をかけてきたりして、甘えてくれるから、そこがかわいい！

まるのん：特技の「2525サーブ」もショーでは大好評。なでしこはニコと比べると結構真面目な性格かな。

ヤブ：うん、結構ストイックな面がありますね。運動神経がいいから、技のキレはピカイチ！バックフリップが特技で、トドショーでは必見。

さめ：芸達者だから、70種類以上の種目ができるし、人の言葉を聞き分けることもできる。そしてキレイ好きなトドだと思います。

ヤブ：ただ、好き嫌いが激しいタイプかなー。といっても、餌の話ね。大好きなアジとイカは勢いよく食べるけど、サンマは絶対に食べない。

まるのん：わかりやすいね（笑）。なでしこの笑顔はめちゃんこチャーミング。

さめ：うん、チャーミング（笑）。

ヤブ：2人とも人への興味が強いから、お客さんのこともよーく見てますよね。僕がショーチーム担当になって、初めてなでしこと対面した時、威嚇されたことがあって。近づき方がよくなかったのかな？とか、トドに対して目的意識なく対面していたからか、とか、初めてだったから驚いたのかな？とか、色んな理由が思い当たったけど、今にして思えば、それだけなでしこは僕のことをよく見ていたということ。僕も意識を改めて、先輩の動きを真似しながらなでしことたくさん時間を過ごしたから、もうそういうことはないけど。今、ショーを一緒に楽しめるようになったのは、なでしこの最初の一撃のおかげかも。

まるのん：いい話！なでしこは圧が強いから、ショーでよく子どもたちを泣かせてしまう。そうそう、なでしこのやらかしといえば、トドショー中に大量のおしっこをしたという大事件があって。あの時はお客さんの前で2mの噴水ならぬ噴尿があがってびっくりしたわー（笑）。

さめ：普段は真面目ななでしことのギャップがすごい（笑）！

ハマスイのゆかいな アシカ

トドに負けないくらい芸達者なカリフォルニアアシカの3頭。
個性がはっきりしてるけど、みんな飼育員のことが大好き！
巨体を乗り出し、顔がつぶれそうになるほどの
熱烈キッス♡もかましてくれます。

ケイタ

生年月日 **2012年6月13日**	性別 ♂

いつもぼーっと眠そうな顔をした、ハマスイイチのビッグボディのマイペースボーイ。トサカ頭がかっこよく「イケメン」と自覚している。大きな体で怖がられるが、実はとっても優しい性格。カメラ目線バッチリの営業上手!!

エル

生年月日 **2016年6月29日**	性別 ♀

愛知の東山動植物園からやって来た、ハマスイイチ気が強い、女王様アシカ。動きが俊敏で、遊泳力やジャンプ力も抜群。特技はプールの中での仁王立ち。ケイタとココを上手に取り持ち、今日もアシカプールの平和を願う。日々女王ぶりを発揮している。

ココ

生年月日 **2007年6月27日**	性別 ♀

クールなぴえん系アシカ。口に筆をくわえて文字や絵を描くパフォーマンスで人気を博し、2013年に個展を開いたこともある芸術家。2017年6月13日にケイタとの子どもハヤトを出産！（現在ハヤトは四国水族館で元気に暮らしてます）

相思相愛 **KISS** アルバム

CHU!

CHU!

CHU!

CHU!

CHU!

CHU!

まるのんとヤブとさめの
飼育員日誌

まるのん

ヤブ

さめ

目が離せないケイタとクールなココ
2頭の関係の鍵を握るのは、女王・エル

ヤブ：アシカの3頭もそれぞれ個性がはっきりしてますね。まず、ケイタはどっしり構えてて、男前。

まるのん：うん、全然物怖じしない。イケメンでかまってちゃんだから、もし人間だったら、さぞや女泣かせやったかも。特技もかっこよくて、豪快なウルトラスピンキックをキメてショーを盛り上げてくれる。

さめ：とても頭がいいし、飼育員のことをよく見てる天才アシカです。

ヤブ：ココは超美人アシカ。目がクリクリで、天使のようなかわいさですね。

さめ：僕のイチオシはココ！桂浜イチの美人だと思います。

まるのん：その代わり、性格はクールなんだよねえ。特技はイカ消し。イカをあっという間に食べて消す。

ヤブ：エルは強気。

まるのん：うん、態度がLサイズ（笑）。はじめ名前を呼んでも全然反応してくれなかった。毎日名前を呼んだり、声掛けしてたらだんだんこっちを見てくれるようになって、今では名前を呼ぶと飛んで来てくれるけどね。高飛車なあの子が、心を開いてくれた！って嬉しかったな～。本当に「私が一番！」な女王さまタイプ。特技は仁王立ちだし。

ヤブ：そうそう（笑）。プールの中でドーンと直立不動の仁王立ち。

さめ：アシカプールの守り人でもあるよ。エルがいるから3頭の平和が保たれてるんですよ。寝る時は真ん中でケイタの腰を枕にしてるけど（笑）。

ヤブ：そうだね、かわいいとこもあって、名前を呼んだらちゃんと返事してくれる。プールの落水清掃中、水のないプールで背面滑りをしていて、その姿がどうやら掃除を手伝っているように見えたらしく、Twitterにアップされて話題になったこともあったね。リアルに手伝ってくれたらもっと嬉しかったけど（笑）。

さめ：秘技・背中磨きってね（笑）。

まるのん：エルはケイタに対してもココに対しても、服従させたいっていう気持ちが強いね。そんなエルに対して、ケイタは一目置いてるし、ココは……ケイタ回避の壁に使ってる感じかな～。

ヤブ：ココはケイタが苦手なんです。ケイタはココが大好きなのに！一方通行な想い……。

まるのん：過去にココはケイタに後肢を噛まれて、傷を負う事件があったよな。まぁ幸い大きな怪我じゃなかったけど。その時は飼育員みんなで毎日傷口にハチミツを塗って治療した思い出が。

さめ：ケイタが起こした事件といえば、アシカプール脱走事件もありましたね。僕がショーチームに所属する前の話だけど、ケイタが柵を乗り越えて隣のトドプールに入ってた。トドたちはそんなの気にしてなかった様子だったけど。

ヤブ：ケイタは色んな意味で目が離せない存在だなー！

ハマスイのゆかいな ペンギン

ハマスイのペンギン団地に暮らすのは
49羽。エサやり体験では
食いつきがえいと評判！
（だいたいどのいきものも
食いつきはえいですが…）！
ちなみに、ちゃんと全員に
名前がついていて、性格も様々。
十ペンギン十色、49ペンギン49色。
みんな違ってみんなえい！

45

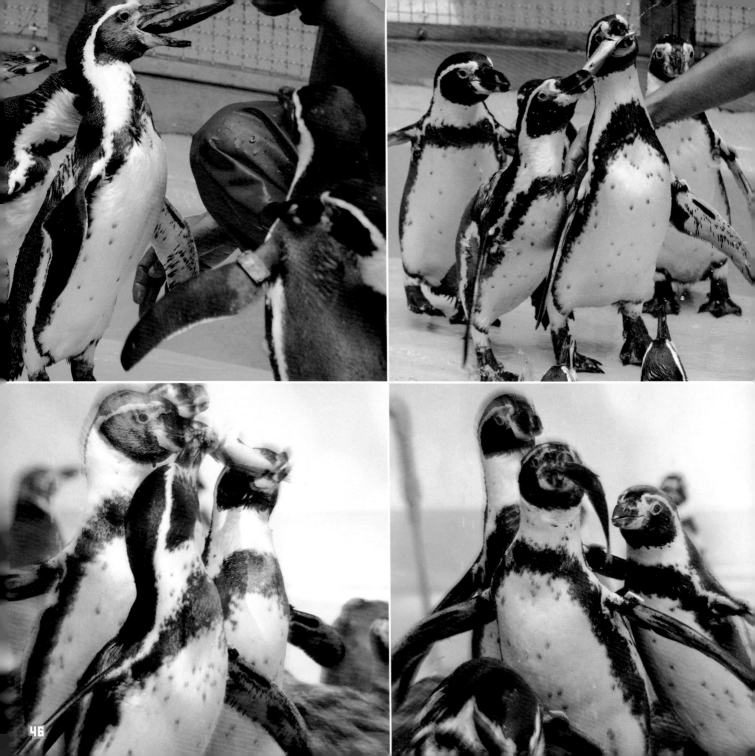

ペンギン団地の住民 全員集合!

フク♂
1997.12.7生

東京都の葛西臨海水族園出身のイクメン。名前の由来はハマスイへフクとミチを連れてきた当時の飼育員「福田道雄」さん。ペアの相手モミジとはこれまで10羽以上を巣立たせている。

モミジ♀
1996.4.18生

広島県の宮島水族館出身。10羽以上の子育て実績を持つ超大家族ママ。飼育員からの信頼も厚く、他個体の卵の世話も任せられる（托卵）。

ノゾミ♂
2000.3.20生

ハマスイ出身やる時はやる男。当時の実習生今宮ノゾミさんから名付けた。プンプンとは巣が近いこともあり犬猿の仲。そのためいつもクチバシの付け根が傷だらけになっている。

ミチ♀
1997.12.18生

東京都の葛西臨海水族園出身こだわり強め。名前の由来はハマスイへミチとフクを連れてきた当時の飼育員「福田道雄」さん。アジは形が整ったものより頭が潰れている方が好み。

アイ♀
2010.3.19生

ハマスイ出身ひかえめガール。あだ名は「やまもとやまだにしもりうだがわ」。長いあだ名だけれどちゃんと呼ばないと飼育係の大ボスにダメ出しされるため、若手飼育員は苦労している。

みやお不明
2017.3.20生

ハマスイ出身、なんだか不幸体質。1歳に満たない幼い頃、両親はミャンマーへ移住。しばらく親と過ごした巣穴で暮らしていたが某ペアに奪われ、人工芝や岩の上で眠っている。

ネネ♀
2011.4.4生

ハマスイ出身。愛称はネネちゃん。ペンギン団地の外はあまり好きじゃないものの、パートナーのハクがお外に出たがるので、恐る恐るついていく。ハクをかわいがっていると、求愛鳴きする姿がかわいらしい。

トマト♂
2008.2.21生

ハマスイ出身大胆不敵な殺人鬼。アイのパートナー。近くを通るスタッフの腕や自分の巣の周りをうろつくペンギンをにらみつけぶっ刺す、やんちゃ坊。

ハク♂
2010.3.10生

ハマスイ出身の二重人格者。イベントで大活躍するオールマイティペンギン。嫌いなスタッフには容赦無く噛みつき、好きなスタッフに対しても機嫌のいい時と悪い時の差が激しい。

レンゲ♂

2014.3.17生
ハマスイ出身無鉄砲野郎。ピンクの名札なのでメスに間違われることが多いけれど、小柄なのに大きな相手に立ち向かうほど負けん気が強い。お腹の斑点が一番多いので見分けやすい。

さぬき♀

生年月日不明
福岡県の到津の森公園出身、よそから来たけれど気は強め。偏食でアジの頭を除いたものや3枚おろしでないと食べないことがしばしば。ハマスイイチの熟女ペンギン（推定年齢39歳以上）。

シズカ♂

2006.2.24生
ハマスイ出身大らかさん。名前はトリノオリンピック金メダリストの荒川静香さんから。ペアのとべちゃんには頭が上がらない。2羽の巣の好みが合わず毎年引っ越ししている。

くもん♀

2017.1.26生
ハマスイ出身あざとい小悪魔系女子。土佐の偉人「公文公」から名前をもらい、あだ名はいくもん、くもんちゃん。小さな体で大きなアジを一所懸命食べる姿がとてもかわいい。

鳳凰♂

2002.4.10生
ハマスイ出身。22歳年上のサヌキのパートナー。このペアから誕生した個体は体格がよく、モテる。あだ名はセンターで、頭の模様がセンター分けになっている個体が受け継いでいる名（2代目）。

とべちゃん♀

2007.3.2生
愛媛県のとべ動物園から卵交換でハマスイへ。体が大きくお腹の斑点がほとんどないので見分けやすい。団地一の美人。ペアのシズカも大柄なので、2羽揃って「最強夫婦」と呼ばれる。

ツル♂

2012.2.23生
ハマスイ出身不動産王（?）。使っている巣穴が3つあり、日によって使い分けている。巣材集めが好きで、飼育員が新しい巣材を持ってくると一目散に駆け寄る建築家でもある。

海海♀

2009.3.18生
ハマスイ出身旦那の浮気は許すタイプ。名前は一般公募から。雄大な海を二つ重ねて力強さを強調。お隣の巣のシズカ＆とべちゃんペアと喧嘩になり、左目を負傷した過去あり。

スミレ♀

2014.3.13生
ハマスイ出身何事も一所懸命ガール。よくプールの縁で壁に向かって泳いでいるためお客さんに「あの子陸に上がれないの?」と心配される。ちゃんと上がれるのでご心配なく!

ひろた♂

2017.3.27生
ハマスイ出身天然ボーイ。目が大きく顎下に白い羽が生えているのが特徴。足を踏まれても餌を取られても、一瞬間が空いてから怒る。怒るだけで手出しはしないいいヤツ。

ちくわ♂
2016.3.23生
ハマスイ出身、なかなか親元から離れず巣立ちしなかった生まれつきの甘えん坊。飼育員からの餌と親からもらう餌のダブル食いで親より大きく成長してもずっと親元にいたそうな…。

イズミ♀
2012.5.15生
ハマスイ出身、何を考えてるかわからないミステリアスガール。名前は日本酒の「亀泉」から。お客さんからもらえるキビナゴが大好物で他のペンギンを押しのけてもらいに行く。

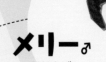

メリー♂
2006.3.1生
ハマスイ出身おだやか青年。盛田のおんちゃんの気まぐれで命名されたため、由来は不明。普段は穏やかな性格なのに、巣の近くにいる時は容赦なく攻撃してくるため「鬼メリ」と呼ばれる。

カメ♀
2012.5.12生
ハマスイ出身面倒見がいいお姉さん。名前の由来は土佐の日本酒「亀泉」。長い間独り身を貫いていたが、やっと見初めたのが年下で体格のいいちくわ。彼が巣立ちしてすぐにペアになった。

かまぼこ♂
2016.3.23生
ハマスイ出身影薄め。リオと同じ年に生まれた盛田のおんちゃん育ちの兄弟。名前は一般公募から。脱走名人で他のペンギンが飛び越えられないような柵も岩を登って飛び越えるペンギン界の一休さん。

たけち♀
2017.1.29生
ハマスイ出身探検家。土佐の偉人、武市半平太から名付けたため、あだ名は「はんぺーた」。亜成鳥の頃からかまぼこのハートを射止める早熟ガール。もっちりボディにみんなメロメロ。

タムタム♂
2007.3.18生
ハマスイ出身きれい好き。名前は昔よく遊びに来ていたペンギン好きの「田村さん」にちなんだもの。熱心に抱卵するため繁殖シーズンはめったに巣から出てこない。巣の中はあまり汚さないタイプ。

リオ♀
2016.3.22生
ハマスイ出身内弁慶。盛田のおんちゃんによって人口育雛で育てられる。ものすごい形相で大きなアジを丸呑みする姿はまさに鬼の子。気に入らない飼育員はクチバシで連続攻撃。

キク♀
2012.5.15生
ハマスイ出身、天真爛漫。名前は土佐の日本酒「菊水」に由来。キクに会うために遠方から来館するファンも。好奇心旺盛でお客さんと遊ぶのが大好き！ラグビーボールのような体型が特徴。

ぽん♂
2017.2.10生
ハマスイ出身かまってちゃん。人懐っこいので目を合わせるとついてくる。ただし、何にでも噛みつくため手を出すのは危険！ご飯の時には「ガーガー」と鳴いておねだりする甘えん坊くん。

プンプン♂

2004.4.16生

ハマスイ出身。人工育雛で育てられた過去を持つ。大きな声で鳴く姿はまさにボス。一度巣に踏み入れたら最後、クチバシや翼で力強く攻撃し、水中まで追いかけ噛み付いて離さない。

コヤ♀

2001.4.11生

ハマスイ出身おっちょこちょい。餌をもらっても他の子に取られがち。ゲットした餌も産んだ卵も落としがち。小顔でくちばし周りにピンク色の地肌が多く露出しているので見分けやすい。

かしお♀

2017.1.17生

ハマスイ出身朝シャン派。土佐の偉人樫尾忠男からその名をもらう。その年生まれた中で一番とスタッフの間で評判のかわい子ちゃん。母親のキク似のでっぷりお腹がチャームポイント。

エポ♂

2004.3.29生

ハマスイ出身のひきこもり。1日のほとんどを巣の中で過ごす。巣の中の掃除のために飼育員が追い出してもすぐに戻ってくる。餌すら巣の中で食べたがる。見られたらラッキー！

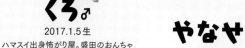

くろ♂

2017.1.5生

ハマスイ出身怖がり屋。盛田のおんちゃんが人工育雛で育てた子。群れに還してしばらくすると、親の顔を忘れたのか攻撃するようになった。大きなカメラや音、傘などとにかく怖がる。

やなせ♂

2017.2.25生

ハマスイ出身のしっかり者。高知出身漫画家のやなせたかしにその名をもらう。ハマスイの最強夫婦シズカととペちゃんの息子で、両親譲りの大柄ボディ。ペアのアサヒをしっかり守る！

ナカ♀

2011.4.6生

ハマスイ出身の意地っ張り。一度巣にこもるとテコでも動かない。ペンギンが増えすぎないように、本物の卵を擬卵とすり替えることがあるが、本物と信じて疑わず、大切に抱いている。

ビッケ♀

2002.3.4生

愛知県の南知多ビーチランド出身。産卵前になると飼育員に近寄って甘える。また「さがしもの」と呼ばれる下をみてキョロキョロする行動が増える。実は団地ナンバー2の大家族ママでもある。

リョウ♂

2010.6.1生

ハマスイ出身自分より弱い相手にだけ強気な男。クチバシの付け根の右側に大きなホクロ模様が目印。隣の巣のトマトにやられてばかりでおびえているが、トマトが留守だと威張りちらす。

アサヒ♀

2013.2.27生

ハマスイ出身お兄ちゃん子。いつも一緒にいた兄ペンギンのエビスはミャンマーの動物園へ。離れて数日、エビスを呼ぶように鳴いていたが、割とすぐやなせとペアになり、幸せに暮らす。

まきの♀
2017.2.17生
ハマスイ出身遠慮なし。名前は土佐の偉人の牧野富太郎から。団地イチの小顔。餌をねだる時に足を突いてくるが、尋常じゃないくらい痛いため、刺される前に満腹にさせる必要が。

キリン♂
2013.2.9生
ハマスイ出身、キリンビールに名前をもらう。タマと一緒にいる時は乱暴者なのに、一緒にいない時は小心者という二面性を持つ。奥さんの尻に敷かれているので、巣の留守番や卵を抱く役目。

はんぺん♂
2016.3.24生
ハマスイ出身おっとりボーイ。過去にオスペンギンと仲睦まじい様子が何度か目撃されており、LGBTかと思ったが、今現在は3歳年上のアヤメと恋人同士。

本丸
2020.12
はんぺんとアヤメにベイビー誕生！

アヤメ♀
2014.3.19生
ハマスイ出身、団地一のモテ女。まるまるとした体型で数多くのオスからアプローチされるも長らく独り身を貫く。4年目の春、ついに選んだのは3歳年下のはんぺんだった。

タケ♂
2001.4.13生
ハマスイ出身普段はおっとりだけどやる時はやる子。2017年の1月にアスペルギルス症というカビの病気にかかったが見事復活。餌をおねだりする時に足をツンツンしてくる。

いわさき♀
2017.2.11生
ハマスイ出身高い場所好き。土佐の偉人岩崎弥太郎からその名をもらう。ペンギン団地の一番高い岩（天井スレスレ！）に登ると数日は降りて来ないため「天井ペンギン」という異名を持つ。

けい　桂♀
2009.4.1生
ハマスイ出身苦労性。一般公募で決まった名前。桂浜の桂だけど読み方は「けい」。結構ガラスのハートで、巣を奪われた時や産卵直後はかなり食欲が低下するナーバスな面が。

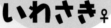

タマ♀
2011.4.17生
ハマスイ出身気が強め。ペアの相手・キリンとまとめて"たまりん"と呼ばれていて、すごく住みにくい絶壁の城を巣にして暮らしている。母親のとべちゃんによく似た気の強い美人。

スイ♀
2012.5.14生
ハマスイ出身面倒見のいいおじいちゃんっ子。最初のパートナーを亡くし、同じ頃に片割れを亡くしたタケとペアに。前のパートナーが実はタケの息子だったことはここだけの話。

よしだ♂
2017.3.25生
ハマスイ出身責任感の強い男。名前の由来が土佐の偉人吉田茂のため、あだ名が「しげる」。巣を何度奪われても諦めず、体はボロボロ。だが決してあきらめない、ど根性ペンギン。

フジ

愛らしい動きに騙されるな！
ペンギンは意外とドライで怖い？

前のページの全ペンギンのプロフィールを見てもらえばわかると思いますが、49羽もいると、一口にペンギンといっても本当に色んな性格の子が見られます。

僕ら飼育員に全く興味を示さずに、我が道を行く子もいれば、逆にすごく興味津々で近寄ってきてくれる子、人間自体には興味がないけど、掃除道具は突っつきに来るような好奇心旺盛な子も。掃除道具をくわえて巣に持って帰ろうとする子もいたりしますね（笑）。本当にそれぞれの色があります。

ハマスイで暮らしているペンギンは大体ペア（夫婦）か親子という関係。夫を立てる妻もいれば、姉さん女房の尻に敷かれちゃっている子もいり、人間の夫婦関係が百様にあるように、ペンギンも相性や性格によって夫婦関係が変わっていますね。ペアになったら絆はとっても強いけど、子どもが成長して、巣離れした後の親子関係は割とあっさりしたもんです。あっ、でもペアになったペンギンでも二股かける子がいたりして、同じ日に二度も複数個体の二股現場を目撃したことがありました。メスが卵を温めている時にこっそりと他の

メスにも手を出していたのに、巣の近くにいる時はしっかりと巣を守る立派なオスの顔。まったく、自分には心境がわかりません（笑）。ペンギンに浮気をするイメージなんてなかったので、その様子を見た時はびっくりしました。

たどたどしい動きや見た目の印象で「かわいい」「怖くない」と、お客さんからは思われがちですが、実は噛む力がかなり強くって、興味本位で噛まれることがあるんです。それがまためちゃくちゃ痛くて、たまに恐怖を感じることもあるくらい（笑）。この本をご覧のお客さま、かわいいのは間違いないですが、怖い目に遭うこともあるというのは頭に置いて接するようにしてください。僕も入社してすぐの頃、追いかけられて攻撃されたことがありました。かわいいイメージが一転、怒っているんだと勘違いして、意外と怖い生き物だ！と思っていたけど、攻撃してきたと感じたその動きは、甘えたくて追いかけて来てただけだったんです。それがわかってからは怖いと思うことはなくなったけど、ペンギンは甘えるつもりで噛むこともあるので、油断しすぎないようにしてください。

 カピィ

生年月日	2016年8月28日	性別 ♀

とくしま動物園からハマスイへ。一緒にやって来た夫のバァラを尻に敷くはちきん母ちゃん。2019年に出産！ほのぼの仲良しファミリーですが、食事の時間はお互いが熾烈な戦いが繰り広げられています。

 バァラ

生年月日	2016年10月16日	性別 ♂

カピィと一緒にとくしま動物園からハマスイへ。2020年夏に病気のためとくしま病院で治療に専念し、無事生還！現在はご飯どきになると、妻も子どもも押しのけて、食べて食べて食べまくってます。

 ムム

生年月日	2019年9月24日	性別 ♂

テテと一緒に生まれたカピィとバァラの子ども。テテよりも体格がよく、大きい。食い意地が張ってるためよくバァラに威嚇されていたが、徐々にムムの方が強くなってきた。撫でられるのが大好きな甘えん坊。

 テテ

生年月日	2019年9月24日	性別 ♂

ムムと一緒に生まれたカピィとバァラの子ども。体が小さく、人なつっこくて大きな体のバァラやムムにも遠慮なしでよくケンカになることも。飼育員が、寝転がると上に乗っかって休んだりすることも。

ハマスイのゆかいな カピバラ

よく食べ、よく眠り、よく陽に当たる
カピバラファミリー。
手渡しでエサを食べる
トレーニングをしているので、
エサやり体験も可能。
カピバラから近寄ってくるので
至近距離で見られます。

55

カピバラと飼育員せーいちの日常

ごろ〜〜ん

ラビの 飼育員日誌

ラビ

カピバラを担当する
飼育員・ラビが
4頭の日々の様子や関係性を
ぶっちゃけトーク!

水もへっちゃらなはずなのに
雨は苦手(?)なカピバラの親子

バァラとカピィは夫婦で、バァラは一番力が強いんですが、たまーにビビりなところがあります。性格的にはカピィの方が何事にも恐れずにグイグイいくタイプですね。ムムとテテはバァラとカピィの子どもで、2019年に生まれました。ムムは母親のカピィに似てて、グイグイタイプ。体を触られるのが大好きな子です。テテも体を触られるのは好きなんだけど、ムムと違って警戒心が強くてビビりなところがあります。撫でてあげると気持ちよさそうに毛を逆立てて甘えてくれます。背中はゴワゴワしてるけど、お腹の毛は柔らかい手触り。大人になるとタワシみたいになりますけどね(笑)。スキンシップは単に可愛がってるんじゃなくて、足の爪が割れてないかな? とか歯が欠けてないかな? とか体調管理のための大切な時間。ちなみにムムとテテは、SNSを通じてハマスイを訪れてくれたお笑い芸人の尼神インターの渚さんが名付け親になってくれました。どんどん大きく育ってきて、日々目が離せません。給餌以外の時間にも近寄ってきて、僕の側でリラックスしてくれるのは嬉しいですね。暖かい日に耳元で尾崎豊とsaucy dogを歌ったらスヤスヤと寝てました。尾崎豊とsaucy dogはムムとテテの子守唄です(笑)。

2020年の6月にバァラが鼠蹊ヘルニアになった時はすご

く心配でした。手術をして経過を見ている途中で傷が開いたので再手術になり、ハマスイで様子を見ながら過ごしていたけど、環軸椎亜脱臼になりかけたため、徳島で亜脱臼とヘルニアが完治するまで治療に専念することに。どうなることかと思っていましたが、9月に無事完治して帰館できた時は本当に嬉しかった。

バァラの手術に次ぐ大事件といえば、ムムに僕の長靴を噛まれてがっつり穴が開いたこと。開いた箇所が靴底だったので、どんなに浅い水たまりでも長靴の中に水が入ってきてビチョビチョになるんです。1日中足が濡れっぱなしになるから、仕事終わりには足が異臭を放つことに。その異臭に耐えられなくて、足にビニール袋を被せてから長靴を履くようにしたんですけど、今度は袋の中が蒸れて結局足が異臭を放つことには変わらずで(笑)。ムムからは我慢することを教わりました。

カピバラは水陸どっちも大丈夫な生き物なので、雨の日なんかも余裕なのかな? と思いきや、全員が軒下に避難して雨宿りしてたことも。水はへっちゃらだけど、雨はあんまり好きじゃないみたいで(笑)。雨の日にハマスイへ来てもらったら、高確率で仲睦まじく雨宿りする姿が見られますよ。

ハマスイのゆかいな
カメ

初代館長の名前に「亀」の字が
入っていたり、90年前の開館時から
カメの飼育を続けており、
ハマスイには欠かせない存在。
リクガメ、ウミガメ、アカウミガメ、
アカミミガメなど種類もたくさん！

ミシシッピアカミミガメ

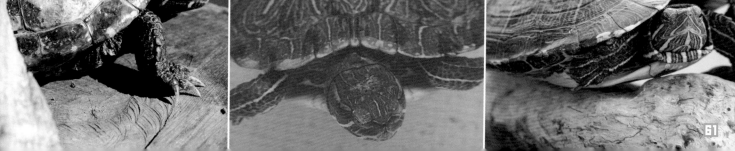

リクガメ

アオウミガメ

ラビの 飼育員日誌

ラビ

リクガメ、ウミガメ、ハマスイはカメ天国なんです!

ハマスイで暮らすカメは何種類もいて、僕は主にリクガメの飼育を担当しています。リクガメのロクとダイは、同じリクガメだけど一緒のスペースにいるとロクがダイを攻撃しがち。結構アグレッシブな性格で、いつも脱走を企てていて、木の杭にアタックをしかけたりするので注意していないと、カチカチに埋め込んでいる杭が抜かれたことがあるくらい(笑)。リクガメは自宅でも飼える生き物だけど、やたら寿命も長いし、エサ代もすごくかかるし、環境管理も大変だから、リクガメは飼わずにハマスイへ見に来ることをおすすめします。

そうそう、ハマスイ名物の一つ・ウミガメの餌やりはぜひ体験してほしい! これは本館の真ん中にある大きなウミガメの水槽の一部エリアで超至近距離で餌やりができるというもの。こんなに近くで触れ合えるのは、全国でもなかなかないこと……そもそもハマスイはどの生き物とも距離が近くて有名なんですが。トングでカメに餌を直接食べさせるんですけど、すごい勢いで食いついてくるから絶対に素手で触ろうとしないでください。昔はトングじゃなくて割り箸であげていたらしいんですが……あの勢いで食いついてこられたら箸が折れたんじゃないかな。とにかく、スリル満点の餌やり、ウミガメの本当の姿をぜひ体験してください!

ある日の
風景...

Z Z z

おさんぽ ⟿ ⟿

テヘペロ

CHAPTER 2

ハマスイのゆかいな

魚

ハマスイの魚たちは
正面を向く!!

ハマスイの水槽には約250種類の魚が暮らしています。その魚たちを見ているとどういうわけか、高確率で正面を向くんです。気配を察すると、見ているこちらに目を合わせてくるような……ちょっと不思議な感覚。ぜひとも色んな魚の正面の顔を見にきてや!

ハマスイの魚たちは

擬態する!!

「あれ？ この水槽何にもおらんやん！」と思いきや、よく目を
こらすと岩やサンゴや砂が微妙に動きゆう。擬態しちゅう魚
を探すのも水族館の楽しみ方の一つ！ 名役者たちの一部を
載せるき、ハマスイに来たらどこにおるか探してみて。

クイズ
どこにいるかな？

2. 難易度

1. 難易度

3. 難易度

4. 難易度 🐟🐟🐟

6. 難易度 🐟🐟🐟🐟

5. 難易度 🐟🐟🐟🐟

わかったかな？

こたえ

いごっそうオヤジが ハマスイの魚を珍解説！

ハマスイのいごっそうオヤジことベテラン飼育員・まるばやしさんが魚についてわかりやすく解説！ 実際にハマスイへ来たら、水槽のそばにたくさん説明を添えているのです。読めば魚のことをもっと好きになること間違いなし！

アカメってどんな魚？

特徴

日本だけに生息している魚で、目が赤いことが一番の特徴。また、引きの強さ、珍しさからビワコオオナマズ、イトウと並び「日本三大怪魚」と呼ばれ、釣り人にとっては憧れの魚ぜよ。

生息環境

沿岸域から河川下流域まで、広い範囲に生息しちゅう。幼魚は汽水域のアマモ場に生息しよる。四万十川が生息地として有名じゃが、現在ハマスイで飼育しているアカメたちは、すぐ近くの浦戸湾で採集されたもんじゃ。

食べ物

夜行性の魚で、他の小魚やエビを捕食するぜ。

アカメ

ハマスイのアカメ、何がすごい？？

死の海を生き抜いた！

ハマスイのアカメが生息していた浦戸湾はかつて高知市内（旭町）のパルプ工場（現在はイオン高知旭町店）の廃液のため水質汚染が進み、「死の海」と呼ばれ、湾からドブの臭いがしたそうじゃ。しかし、地元住民の活動のおかげで「死の海」から豊かな海に戻りつつある奇跡の湾ながよ！

日本唯一の巨大アカメ群

今では日本全国の水族館でアカメを見ることができるが、大きな個体を群泳で見ることができるのは世界中でもココ「桂浜水族館」だけ。たくさん赤い目が行き交う、アカメ水槽は圧巻ぜよ！

豊かな環境で脱・絶滅危惧種！

全国的にアカメを希少種として保護しちゅうけど、高知県では30箇所以上の広い範囲から生息が確認され、絶滅危惧種から普通種になりつつある。（2017年4月28日現在）
すなわちアカメの餌となる小魚も多く、幼魚が育つことのできるアマモ場もあり、自然豊かな地域ということじゃ。
その反面、この自然豊かな地域を守り続けんといかんということでもあるがじゃ。

アカメの目はなぜ赤い？

眼球の奥にある反射板に光が当たり反射することで、赤く光って見えるがじゃ。
なぜ赤く見えるかというと、反射板の毛細血管が発達しており、光を反射する際に、毛細血管の赤血球の色が変わって赤く見える。しかしなぜ赤なのかは不明で、まだまだ謎の多い魚ぜよ。

アカメって、美味しいの？

アカメが美味しいか不味いかは意見が分かれるところやけんど、白身でタイやスズキのような肉質で、少なからず当たりのようじゃ。しかし、ウロコが非常にかたくて剥がれにくいため、手間がかかりあまり食べられることはないね。

無足類……？

ウナギ、アナゴ、ハモ、ウツボ、ウミヘビ（爬虫類のウミヘビではなく、魚類）の仲間は無足類（俗に長もの）と呼ばれよる。

無足類に共通しているのは、柳の葉のような形をしたレプトセファルス（葉形幼生）と呼ばれる幼生があること。

ウナギ、アナゴ、ハモの仲間、ウツボの仲間、ウミヘビの仲間では、各ヒレの有無にそれぞれ違いがあるぜよ。

イシダイを釣りよったらかかるき、外すにかなり困る。蒲焼きや干物にして食べるけんど、タタキが絶品ぜよ！

くらべてみよう！ ウナギ ウツボ ウミヘビ

ウナギ、アナゴ、ハモ、ウツボ、ウミヘビの仲間には腹ビレがないことが共通点じゃ。

その他のヒレは？

ウナギ、アナゴ、ハモの仲間→胸ビレも尾ビレもある。
ウツボの仲間→胸ビレがない。
ウミヘビ（魚類）の仲間→尾ビレがない。

ウツボ

アミメウツボ（ウツボ科）

ウツボ漁のかごや延縄（はえなわ）にかかるけんど、食べるほどのもんじゃないきに、海に返すことが多いね。

オナガウツボ（ウツボ科）

ウツボかごや延縄でとれるぜよ。日本のウツボの中では一番太い（大きい）そうで、大きいものは3mにもなるらしいぜよ。

トラウツボ（ウツボ科）

かごや延縄でとれるぜよ。色はきれいなけんど、あんまり食べる人はおらんよ。

ニセゴイシウツボ（ウツボ科）

かごでとれるけど、巨大なものがおるぜよ。黒い点は体が大きくなるにつれて、小さくなって数も増える。

魚だけでなく、すべての動物でシマ模様のあるものについて、頭から尾の方向に向かうシマを縦ジマ、それと直角の方向に走るシマを横ジマと呼ぶ。

イサキ（イセギ）（イサキ科）

初夏から秋口にかけて、磯釣りや定置網でとれる。姿も上品なけんど、味もかなり上品ぜよ。刺身や塩焼きがえい。こりゃあうまい！

オヤビッチャ（スズメダイ科）

磯や消波ブロックのまわりに群れちゅうき、撒き餌をするとスッと寄ってくる。意外と味のえい魚で、一夜干しにしたものを焼いたり唐揚げにするとうまいぜよ。

カゴカキダイ（カゴカキダイ科）

きれいな魚じゃが、磯釣りでは餌の食い逃げばっかりするきに、個人的には好かんね。食べたらかなりうまいという話じゃ。

シマアジ（アジ科）

天然もんは、釣りや大敷網でとれるけんど、養殖もしゅう。こりゃあもう刺身じゃないともったいない！　高級魚で、料亭にでも行かんことには食べれんね。

カサゴ（ガシラ）（カサゴ科）

磯や突堤でなんぼでも釣れる。これほど簡単な魚はないね。骨が多いき食べる時に大変じゃけんど、煮付けたり汁に入れたり、唐揚げにしたらうまい！

タカノハダイ（タカノハダイ科）

磯の岩陰に隠れちょって、磯釣りで釣れるぜよ。"ヒダリマキ"ともいうぜよ。ちょっと磯臭いけんど、煮付けやタタキ、粕汁にしてもいける！

マダイ（タイ科）

磯釣りや延縄、定置網でとれるけんど、養殖も盛ん。タイは魚の王様。煮てよし、焼いてよし、刺身もよし。"腐っても鯛"ぜよ。

ハマスイのテーマは
食育！

ハマスイでは食卓に出てくる身近な魚から珍しい魚まで、多種多様に展示中。実際に食べておいしいのか、どう食べるとおいしいのか、いごっそうオヤジのイラストつき解説をご覧ください！

アオブダイ（ブダイ科）

磯釣りの大物じゃ。かなり強いクチバシで、サンゴをかじるぜよ。食べると磯臭いけんど、うまいという人もおる。

アカアマダイ（アマダイ科）

アマダイには、アカアマダイ、シロアマダイ、キアマダイがあって、シロが浅い場所、キが深い場所、アカはその中間におる。味はシロ、アカ、キの順じゃけんど、水分が多いきに干物や味噌漬け、粕漬けにするとうまいぜよ。

アカハタ（アカバ）（ハタ科）

主に磯釣りでとれるけんど、定置網でもとれる。ハタの仲間としては、クエやハタにくらべると少し味が落ちるけんど、鍋物に合うきに冬場が高騰するぜよ。

アカマツカサ（イットウダイ科）

かなり深い岩場におるけんど、磯や防波堤でも釣れるぜよ。白身で身も締まってうまいき、刺身や煮つけがおすすめ。

アンコウ（アンコウ科）

背びれが変化した竿のようなものの先に、虫のように見えるひらひらしたもの（皮しゅう）があり、これを振って餌の小魚をおびき寄せよる。鍋料理やみりん干しにして食べるぜよ。

イシガキダイ（モンコウロウ）（イシダイ科）

コウロウ（イシダイ）に似いちゅうきに、釣り方も食べ方もコウロウとめっそ（あまり）変わらん。
コウロウより太りが早いけんど、寒さに弱いきにコウロウとの合いの子を作りゆう。

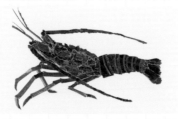

イセエビ（イセエビ科）

主に磯で、刺し網でとるぜよ。エビ料理は高級じゃき、滅多に口に入らんけんど、刺身や煮たものなんかは最高ぜよ。うんと酒も進む！

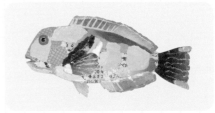

イラ（テス）（ベラ科）

磯釣りで釣れるけんど、深い場所におるき、大体定置網でとる。存外うまい魚ぜよ。刺身もできるし、煮たり、南蛮漬けにしたりして食べるね。

ウチワザメ (ウチワザメ科)

底引き網や定置網でとれるけど、あんまり食べる人はおらんじゃろう。かまぼこの材料にはなるみたいぜよ。飼いよったら子を産むこともある。

オオニベ (ニベ科)

ニベやグチ（イシモチ）の仲間じゃけんど、1m以上になる大きい魚じゃ。砂底におるきに底引き網でとるけんど、釣りでもとれる。身は柔らかく味がえいきに塩焼きやフライ、すり身で食べてもうまいぜよ。

カイワリ (ベイケン) (アジ科)

主に定置網でとれるぜよ。煮つけ向きやけんど、刺身やフライ、南蛮漬けにしてもうまいぜよ。

ヒラスズキ (スズキ科)

スズキは小さい時に川をのぼるけんど、このヒラスズキはいってもあまい水（汽水域＝海水と淡水が混じり合うところ）までよ。見た目もスズキとよく似いちゅう。けんどヒラスズキの方がちょっと体が高い。顎の下に一列だけウロコがあるぜよ。

ウマヅラカワハギ　カワハギ
(ハゲ、　マルハゲ) (共にカワハギ科)

磯や堤防で釣ったり、船釣りもする。定置網でもとれるぜよ。白身で口あたりがえいきに、煮炊きやフライがうまいけんど、刺身もいける。皮を剥いでから料理をせんといかん。

カンパチ (ネイリ) (アジ科)

定置網や釣りでとれるぜよ。ハマチと同じように養殖もしよる。ブリやハマチより肉質がえいきにちょっと高級。刺身も絶品、塩焼きも上等じゃ！

キダイ (レンコダイ) (タイ科)

マダイより深い場所におって、東シナ海の方ではたくさんとれるらしい。マダイより味は落ちるが食べ方は大体同じじゃ。汁にするとうまい。

キタマクラ (フグ科)

餌の食い逃げ名人で磯や堤防での釣りの邪魔になる困った魚じゃ。毒のあるフグの仲間じゃき、食べられん。

キチヌ (キビレ) (タイ科)

堤防や磯で釣ることはチヌと同じ。チヌ（クロダイ。次ページ）よりも塩気の薄いエリアにおる。チヌと同じで焼いても刺身でもうまいぜよ。

キュウセン（ベラ科）

オスは"アオベラ"ともいうぜよ。この魚は砂に潜って横になって寝る。塩焼きや照り焼き、味噌漬けや南蛮漬けにして酒の肴として楽しむのがおすすめ。

ギンユゴイ（ユゴイ科）

磯のまわりで群れて泳ぐ。小さいものはタイドプールやテトラポッドの間で泳ぎよる。あんまりおいしくないき、誰も食べたりせんやろ。

クルマダイ（キントキダイ科）

底引き網でとれる雑魚じゃけんど、目が光ってきれいじゃ。煮つけて惣菜にすると、存外うまいぜよ。

クロダイ（チヌ）（タイ科）

チヌ釣りは最高じゃ。今はオキアミで釣るけんど、昔は虫のサナギやゴウナ（カワニナ）でも釣りよった。刺身や塩焼き、煮つけと何でもいける！

コショウダイ（イサキ科）

コタイともいうぜよ。主に沖へ出て釣る。突堤でも釣れるけんど、チヌ釣りの外道ぜよ。刺身、洗い、鍋物と何にしてもうまい。

コブダイ（ベラ科）

カンダイともいうぜよ。高知ではあんまりとれんけど、瀬戸内海や日本海には多いそうじゃ。磯釣りの大物ぜよ。白身で締まりがないけんど、フライにするとえいやろうね。

シマイサキ コトヒキ（共にシマイサキ科）

シマイサキは"スミヒキ"ともいうぜよ。コトヒキは"ヤカタイサキ"とも呼ぶ。どちらも釣り上げるとグーグーと音を出すきにたまげるぜよ。どちらも刺身や塩焼きにすると上等じゃ。

シマフグ（フグ科）

磯やハエのまわりを泳ぐきれいなフグぜよ。毒があるきに食べられんけど、専門家が料理したら結構うまいもんぜよ。

ツチホゼリ（ハタ科）

南方のサンゴ礁におるきに、高知では見かけることが少ないけんど、ハタの仲間じゃきに味はえいぜよ。砂を掘って寝ぐらを作るきにこの名がついたそうじゃ。

テングダイ （カワビシャ科）

大敷網でとれる魚ぜよ。親はきれいな見た目やけんど、子のうちは模様が異なる妙な魚ぜよ。

トラフグ （フグ科）

延縄や定置網、釣りでとれるぜよ。フグ料理の王様じゃ。資格を持つ人が調理した刺身やちり鍋で、一杯やるには最高ぜよ。

ニシキベラ （ベラ科）

磯釣りの餌泥棒。撒き餌をするとスッと集まってくるきに、小さい針でなんぼでも釣れる。小さいきに食べる人も少ないと思うが、焼き立てにしょうゆをかけて食べるとうまいぜよ。

ネコザメ （ネコザメ科）

定置網にかかるけど、滅多に食べる人もおらんやろ。歯が強いき、サザエなんかをバリバリ食べる、まっことぜいたくな魚ぜよ。

ネンブツダイ （テンジクダイ科）

ネンブツダイやクロホシイシモチの仲間の赤いのを"赤じゃこ"という。小さいき、捌くには面倒なけんど、からあげにしたりすり身にしたら結構いける。子どもがかえるまで卵を口の中で守る優しい魚ぜよ。

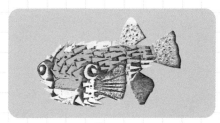

ハリセンボン （ハリセンボン科）

フグの仲間で定置網によくかかる。びっくりするとバラ（トゲ）を立てて、ふくらんで仰向けにひっくり返るぜよ。毒はないというけど、食べる人もおらん。

ヒゲソリダイ （イサキ科）

刺し網や定置網、底引き網でとれる。コタイ（コショウダイ）に似ているが、ちょっと寸詰まりな印象。刺身や煮物、鍋物にすると上等！

ヒブダイ （ブダイ科）

磯釣りや定置網でとれるぜよ。イガミ（ブダイ）の仲間じゃけんど、きれいな色の割には、大してうまくないぜよ。

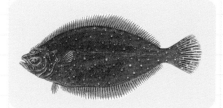

ヒラメ （ヒラメ科）

釣りや刺し網、底引き網でとれる。養殖もしゆうぜよ。大抵のカレイは砂の中のゴカイやカニなんかを食べるきに口が小さいけんど、ヒラメは魚を食べるきに口が大きい。刺身でも煮ても焼いてもうまいぜよ。

ハマスイのチンアナゴは
幻の存在!!

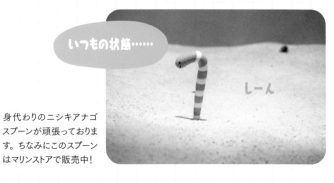

いつもの状態……

しーん

身代わりのニシキアナゴスプーンが頑張っております。ちなみにこのスプーンはマリンストアで販売中!

奄美諸島、沖縄諸島からインド洋、西太平洋に分布するチンアナゴ。和名のチンアナゴは犬の（チン）に似ていることからつけられました。英名のガーデンイールは、ガーデンオブイールズ（Garden of eels）、アナゴの庭という意味に由来しちょって、群生してユラユラ揺れゆうところからきちゅうそう。海水マニアの間で人気が高く、紹介されたばかりの1980年頃は幻の魚と言われよったことも。ハマスイのチンアナゴはちょっと恥ずかしがり屋みたいで、滅多に顔を出さん! もし見れたら、いいことあるかも!?

ぴょこっ

奇跡の一枚!!

ゆらゆら〜

おとどちゃん

ニシキアナゴスプーン

仲間がフォローしています

ゴールドホルスタインウナギがおる!!

見つけた時は、びっくりしたぜ〜!

みなさんがよく知っちゅう、普段よく見るウナギは体色が黒っぽいものやけど、高知市春野町で発見＆捕獲されたウナギは、黄色い体色で黒いまだら模様があるもの。なんだか景気がいいルックス！2021年丑年にちなんで「ゴールドホルスタインウナギ」として展示中です。

生まれつき体の色素をうまく作れないため、こういう模様になるそうな。野生下やとかなり目立つき、ここまで大きくなることはほぼなく、10万分の1の確率で見つかるかどうかと言われています。

つまり、そんな奇跡のラッキーウナギを見れるということ自体ラッキーということ！ハマスイへ生で奇跡のウナギを見に来てや！

レア中のレアやで！

写り込みで分身！
ダブルで
ありがたいやろう〜

ワシもホルスタインや
と思うけどアカンか？

ハマスイのゆかいな
Instagram
水族館

@katurahama_aq

魚の写真はインスタグラムでアップ！
思わずクスッと笑ってしまう
ゆかいな魚の写真を投稿しているので、
ぜひチェックして！

楽しそうに泳いでるわ🐟

#桂浜水族館 #ヒブダイ #楽しそう #映画に
出て喋りそう #ファインディング #ハマスイ
#さんご

カラフルなファション🦀

#桂浜水族館 #モクズショイ #ファッションモン
スター #毛糸 #オシャレさんと繋がりたいモク
ズショイ #ハマスイ #さんご

撮ろうとするとジッとしてくれないトッティ🐟

#桂浜水族館 #アイスポットシクリッド #名前
はトッティ #いつもジッとしてるのに #撮る時は
しゃぐ #撮りたいと撮られまいのせめぎ合い #
ハマスイ #さんご

あぶなーい🦈💕

#桂浜水族館 #ネコザメ #あぶない #ラブス
トーリーは突然に #あの日あの時あの場所で
#高知 #桂浜 #観光 #ハマスイ #さんご

フレームイン😂✨

#桂浜水族館　#ヒブダイ　#フレームイン
#撮りやすい　#写りたがりの小学生の気持
ち　#桂浜　#水族館　#ハマスイ　#さんご

美味しそうなお菓子みたい😄

#桂浜水族館 #コブヒトデ #おいしそう
#ハマスイ #さんご

裏側が蜘蛛みたい🕷

#桂浜水族館 #セミエビ #セミ感より蜘蛛感
強め #ハマスイ #さんご

食べられる時ってこんな感覚なんかな🐟

#桂浜水族館 #アリゲーターガー #捕食者
#食べられる気分 #ハマスイ #さんご

ソーシャルディスタンス(社会的距離)🦐

#桂浜水族館　#イセエビ　#ソーシャルディ
スタンス　#距離　#高知　#桂浜
#ハマスイ　#さんご

隠れてるつもり🐟

#桂浜水族館 #キュウセン #隠れてるつもり
#死んでるわけじゃない #寝てるだけ #ハマス
イ #さんご

サクラダイと桜🐟🌸

#桂浜水族館 #サクラダイ #桜 #ハマスイ
#さんご

目までシマ模様なのね👀🐟

#桂浜水族館　#ハタタテダイ　#目
#縞模様　#桂浜　#水族館　#高知
#観光　#ハマスイ　#さんご

ちょっとタイミング逃したー🙈

#桂浜水族館 #ナンヨウツバメ #タイミング
#高知 #桂浜 #観光 #ハマスイ #さんご

魚もヒゲ残すタイプと残さないタイプがいるのか🤔

#桂浜水族館　#ミナベヒメジ　#ヒメジ
#ヒゲ　#桂浜　#水族館　#高知　#ハマス
イ　#さんご

みーたーぞぉ〜🐟

#桂浜水族館 #アヤメエビス #アヤメアビスの
ミタ #桂浜 #高知 #観光 #三連休 #ハマス
イ #さんご

白いエイ😨

#桂浜水族館 #ウチワザメ #アルビノ #白い
エイ #高知 #観光 #夏休み #桂浜 #ハマス
イ #さんご

ハマスイ版ヤマタノオロチ🐍

#桂浜水族館 #ウツボ #ヤマタノオロチみた
い #ウツボの唐揚げ #ハマスイ #さんご

マタニティアカハライモリ🦎

#桂浜水族館 #アカハライモリ #産卵 #南斗水鳥拳奥義 #ハマスイ #さんご

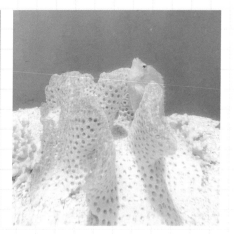

すごい躍動感✨

#桂浜水族館 #ヤマトメリベ #メリベちゃん #高知 #観光 #桂浜 #ハマスイ #さんご

隠れんぼ🐟

#桂浜水族館 #オキゴンベ #隠れんぼ #擬態 #見つけた #高知 #観光 #桂浜 #ハマスイ #さんご

カボチャ食べてるの撮ろうとしてたら笑ってるカニいた🦀

#桂浜水族館 #カボチャ #カニ #笑ってるカニ現る #横歩きで #ハロウィン #ハマスイ #さんご

斑点と口をじっくり見てしまう🐟👀

#桂浜水族館 #プレコ #斑点 #規則性 #気になる #ハマスイ #さんご

蝶のように舞い蜂のように刺す🐟

#桂浜水族館 #ミノカサゴ #毒 #棘 #キケン #ハマスイ #さんご

しばてんとえんこうがたくさんおりますが…

ちがいは何？

しばてんとは…

土佐の**妖怪**（もののけ）。河童（猿猴）と混同されているが別種。土佐民話の会主宰の市原麟一郎氏によると、しばてんは芝天狗であり、水に入らない陸の妖怪であるとされています。したがって、頭に水の入った皿はないのです！

えんこうとは…

カッパのこと。生息地は各地の河川、池、沼、湖。手足に水かき、背中に甲羅、頭に水が入った皿があり、水がなくなると弱る。高知県香南市の旧吉川村には、えんこう討伐と子どもの水難事故帽子を願って建立された化粧地蔵があります。

浦戸湾狭島のえんこう

かつて浦戸湾の入り口にあたる御畳瀬と種崎との間に狭島という小さい島が美しい姿を見せ、浦戸湾の名勝の一つとなっていました。島には厳島神社が祀られ、その近くの穴ぐらにはえんこう（カッパ）が住んでいたと言い伝えられています。

1962（昭和37）年11月13日、大型船舶の船行の妨げになるということから神社が移され、島は爆破されました。その後、えんこうがどうなったかは定かではありません。

桂浜えんこう地蔵

月の名所として知られる桂浜は、風光明媚な景観とは裏腹に波の変化が激しく、突然の高波に足をすくわれる危険性を持ち合わせています。そのため、過去に幾度となく人身事故が発生しているので、遊泳禁止になっています。

そこで平成29年2月、桂浜水族館に水難防止、災害除去、さらには家内安全、ついでに縁結びなどにもご利益のある桂浜えんこう地蔵建立し、祀っているのです。

いっぱいおるぜよ！

CHAPTER

3

ハマスイのゆかいな

おとどちゃん

館長直撃インタビュー！

桂浜水族館85周年を機に誕生した公式マスコットキャラクターのおとどちゃん。
生みの親はなんと世界的に活躍するアーティストのデハラユキノリ氏。
ハマスイとは一体、どういう縁？　ハマスイに行ったら常におとどちゃんに会えるの？
などなど、おとどちゃんについてのあれこれを探るべく、秋澤館長と広報・もりちゃんに直撃しました！

——なかなかパンチの効いたルックスのおとどちゃん、いろんなメディアでも話題になってきましたが、デザインされたデハラユキノリさんとはどういったご縁だったんでしょうか？

館長：私のお友達で「高知を代表するフィギュアイラストレーターとして世界で活躍されていて、なおかつ個性的な作品が多いデハラさんって、唯一無二の水族館を目指すハマスイにとって最高のパートナーやん！」ってことで、お願いしました。デハラさんは高知出身で今も高知で暮されよるがですけど、ハマスイのいきものが好きでよくご来館されてたんですよね。まあ依頼したのは、デハラさんと私で呑んでる時の流れというか、勢いだったんですが（笑）。

——土佐らしいエピソード！　デハラさんに依頼された時に、こんな風にというイメージやモデルがいたんでしょうか？

館長：特になかったですね。クリエーターさんなので、基本はデハラさんにお任せでした。ただ、桂浜水族館をイメージした唯一無二のキャラクターが欲しいってことは言うたかも……。モデルは、デハラ氏がたまたま遊びに来ていた際、桂浜水族館85周年記念とし

て新潟からトドのニコちゃんの搬入がありました。通常は搬入直後は摂餌しないのですが、このニコちゃんはすぐに摂餌して。しかも、量もよく食べてスタッフも驚いたくらい。その姿を見てデハラさんがピンと来たんでしょうね。

もり：おとどちゃんのバストサイズの「Fカップ」は、実は館長のバストサイズでして、微妙にエロっぽいのも館長譲りのキャラを姿に表現したようです（笑）。

館長：出来上がったおとどちゃんを初めて見た時は、開いた口がふさがらなかったことを思い出します。

——館長もそういう反応だったんですね！　スタッフやお客さんの反応はどんな様子でしたか？

もり：館長があの勢いで乗り気やったんで、スタッフは何も言えんかったですね。館長自体もあんぐり状態でしたが、あの性格なんで笑ってGO！サインでしたから（笑）。お客様は、困惑気味な方は多かったかな。

館長：確かなことは、今のような人気が出る雰囲気は微塵もなかったですね。おとどちゃんが登場すると、子どもは泣き叫び逃げ惑うし、大人は怪訝そうに遠目に見ている状態で

した（笑）。

——（笑）。今の人気ぶりが奇跡に思えますね。現在のおとどちゃんの館内・館外での活動内容はどんな感じなんですか？

館長：そうなんです。北は北海道、南は沖縄まで、全国各地からおとどちゃんに会いにたくさんのお客様がハマスイへ遊びに来てくれます。活動について、館内では、主にツイッターの更新をしています。気まぐれに出没して、お客様と写真を撮ったり握手したりサインを書いたり、ファンサービスをすることも。ファンサービスはいつもやってるわけじゃないので、来館した時に会えたらラッキーですね。館外ではひたすらハマスイのPR活動です。イベント会場でグッズを販売促進したり、お客様と記念写真を撮ったり。館外のイベントに参加するとなると、事前告知をきちんとしておかないとファンの方から「ちゃんと告知してくれんと会いに行けないじゃないか！」とお叱りを受けることもあります（笑）。一度東京のイベントへお忍びで行った時は「来るなら来るといえ！」と怒られました。

——熱烈なファンの方がいらっしゃるんですね！　おとどちゃんのお仕事で、一番印象に残っ

おとどちゃん誕生秘話!!

名前：おとど
生年月日：2016年4月16日生
性別：女
役職：公式マスコットキャラクター
生物学上の分類：トド

性格：天然ものFカップの天真爛漫Girl
身長：約2m
3サイズ：抱いてみてのお楽しみ♡
好きなタイプ：貢いでくれる人
好きな食べ物：魚肉ソーセージ

ているお仕事はどんなものでしたか？
館長：東京での仕事で、浅草でファンの方が
おとどちゃんを人力車に乗せてくれて車道を
走ったことです。
もり：おとどちゃんの体重は秘密ですが、決し
て軽くないのでびっくりしました（笑）。
――それはすごい！　全国規模での活動とい
えば、2018年、2019年と参加されていた「ゆ
るキャラグランプリ」ですが、不参加だった
2020年、ファイナルとなってしまいましたね。
もり：そうながです。なかなか入賞できないか
ら今年は「もうえいか〜」って参加しなかった

ですね。
館長：でも、おとどちゃんの気分次第で気
が向いたら、また何かにエントリーするかも？
その時はよろしくお願いします！
――最後に、おとどちゃんの
今後の目標や予定を教
えてください。
館長：高知代表、
世界征服者です！

秋澤志名
桂浜水族館7代目館長。美容部員、NPO法人設立
を経て、親戚が館長を務めていた17年前から桂浜
水族館で働き始める。6代目館長のお手伝いから始
め、2014年より副館長、2018年より7代目館長に就
任。ノリのよさと懐の深さで、スタッフからの信頼も厚い、
はちきんリーダー！

森香央理
桂浜水族館の広報担当。通称もりちゃん。マスコミや
イベント関係の対応、HP、SNSの運営管理までくま
なくチェックしている若き敏腕スタッフ。ハマスイのゆか
いないきものの日常の写真を全国発信すべく、おとど
ちゃんとともに日々奔走中！

おとどの活躍ぶり、見て！

ゆるキャラGPへの飽くなき挑戦…!!

ご当地キャラクターの登竜門！「ゆるキャラグランプリ」におとども参戦！2018年、2019年と出馬して、気合い入りまくりの選挙ポスター的なやつまで作ったけんど、結果は2018年122位、2019年92位……。なんかの間違いか！ってことで2020年は不参加に。（どうやらゆるキャラグランプリは2020年でファイナルやったらしい）

桂浜の龍宮岬にある海津見神社の神様のお祭り「竜宮祭」を盛り上げるのにひと役買うたで！ この日はバックリボンの勝負下着で盛り上げちゃった♡

竜宮祭での堂々旗振り！

おさかなまつりでしんじょうくんと

被りもん、おしゃれやろ！

高知県須崎市のナイスガイマスコットキャラクターしんじょう君とのふれあい。頭の帽子をかぶらせてもろうたで〜。あ、帽子やなかった、これは須崎市名物鍋焼きラーメン！

SUBWAYで限定販売「おとどちゃんサンド」♡

2019年7月13日限定でSUBWAY中万々店で「おとどちゃんサンド」が発売されたき、行ってきた!

食べてきた!

ツナとエビが入ったスペシャルサンドイッチ!シーフードでうめぇ!ヘルシー志向でグルメなおとども大満足♡

よさこい祭りで踊り明かす!

夜の町ぃぃぃぃぃぃぃぃぃぃぃぃ!!!!

かわいいわんこ系男子と出会いました♡
おーよしよしよし、おー♡♡♡
おひょひょひょひょ♡♡♡

よさこい祭の前夜祭で弾け踊るおとどの躍動感、見て!会場におったみんなが「おとどちゃん!」「おとどちゃん!」って名前を呼んでくれて元気出たッッッ!

東京へ進出!!「まるごとにっぽん」in 浅草!

高知のうまいもんが、浅草で開催された「まるごとにっぽん」に大集結! ってことで、おとども手伝いに行ってきた! 餅投げ大会とか、カツオのたたきを作ったりして、大活躍! 人力車にも乗せてもろうたで!

桂浜水族館 公式
@katurahama_aq

2019年9月22日(日)・23日(月)に東京は浅草「まるごとにっぽん」で開催される「KOCHI PREMIUM FESTA2019」の最終打ち合わせをしたで!
「おとどちゃんはイベント中ステージ以外はどこで何してもらってってもかまいませんので」やって!
「隣に交番ありますので」やって!オイ!誰が歩く警察24時や!!!!

午後4:27・2019年9月19日・Twitter Web App

99 件のリツイート   **8** 件の引用ツイート   **534** 件のいいね

大人気!!

炙る!!

人気者の証!!
一日警察署長に!!

スカイツリーや〜!

2020年1月10日、110番の日にうらど龍馬保育園、おさなご園、城南保育園、長浜保育園の園児たちに110番についてPR♡ ちびっこらぁに正しい110番について教えちゃったよ!

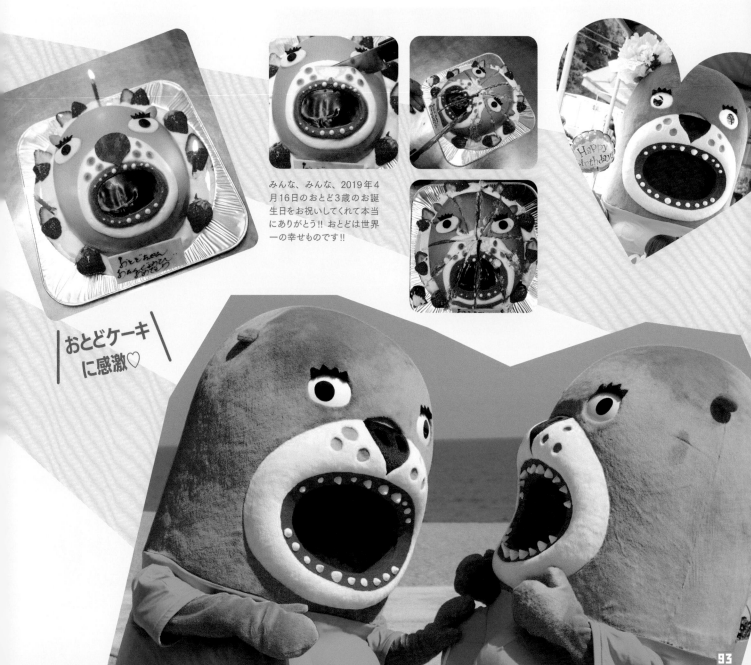

HAPPY BIRTHDAY おとどちゃん!!

みんな、みんな、2019年4月16日のおとど3歳のお誕生日をお祝いしてくれて本当にありがとう!! おとどは世界一の幸せものです!!

おとどケーキ
に感激♡

おとどちゃんイヤリング

全機種対応おとどちゃんスマホケース

おとどちゃんの銭入れ

妄想❤ おとど グッズ

おとどちゃん
おっぱいマウスパッド

おとど湯呑

おとど便座カバートイレマット

勝 負

おと◯の下着勝負

おとどちゃんのえさ箱

おとどニーハイ

おとどけい

オトナのおとど

CHAPTER

4

ハマスイを
もっと楽しむ

ハマスイのゆかいな
アトラクション
＆オブジェ

ハマスイでは、いきものの展示以外でもたくさんお客様に喜んでもらおうと工夫を凝らしています。ここではその一部をご紹介。迫力満点なものから、手作り感溢れるかわいらしいものまで、あちこちにあるので探してみてね！

キミも飼育員になれる!!

KAOHAME 顔ハメ

スタッフが作った顔ハメパネル。ハマスイファンなら、ぜひ角度を決めて表情を作り込んで撮ってほしい！（結構穴が大きいものもあるけれどそこはご愛嬌！）しかとハメ撮りを楽しんでや！

桂浜の浜辺でトドショーをする飼育員顔ハメ。トドの方に目線をやって、優しい笑顔で撮るといい感じに。

水族館の入り口にあり、背景を変えられるすぐれモノ。しかし、どうやって体を隠すのかは不明。

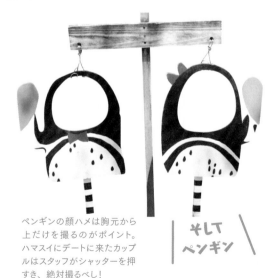

ペンギンの顔ハメは胸元から上だけを撮るのがポイント。ハマスイにデートに来たカップルはスタッフがシャッターを押すき、絶対撮るべし！

そしてペンギン

RITTAIZO 立体像

ハマスイのいきものが、あちこちにオブジェとなって展示されております。特にお客さんが作る木彫り像はかなりの力作！ オブジェ巡りをする、というのもハマスイの楽しみ方の一つでもあります。ぜひに！

迫力満点のおとどちゃん。はからずも頭部とバストトップが変色し、なかなかすごいルックスに……！

超力作のタツノオトシゴ！ ゴツゴツ感までなかなかリアルにできております。

OMIKUJI おみくじ

館内の展示やショーにすっかり満足して、さてショップで買い物をして帰ろうかね、となるまえに！ 1回200円で運勢が占えるおみくじがあるのです。ちょっくらこの後の運試ししていってや！

あこや真珠のガチャガチャは、大人女子に大人気！ 1000円で真珠をGETできる超おトクなガチャなのです。

HONE 骨

本館の2階に展示してあるのが各種鯨の骨格標本。今はハマスイには生きた鯨はおらんけど、どんだけ大きな生き物か骨から伝わるはず！ 人間の骨（新型コロナウイルス対策のフェイスシールド付き）も一緒にあるき、想像しやすいやろ！ ふいに動き出すので注意！

ゆかいな飼育員

海獣や魚たちと同じくらい、ハマスイに欠かせない存在の飼育員。SNSにもよく登場するお馴染みのメンバーのプロフィールを大公開です！

ウラ

真面目で勉強熱心。私服がおしゃれ。魚を釣って捌くのが好き。酒の肴は俺に任せろ！

せーいち

お酒と楽しいことが大好き。みんなの弟。ひょんなことからハマスイにやってきたいじられ系ヤンキー。

フジ

二次元と鯨やイルカが大好き。思い立ったが水族館巡り日。好きなものはとことん愛す熱血オタク。

まるのん

ハマスイ屈指のエンターテイナー。驚異の身体能力の持ち主。みんなの精神安定剤。海獣大好き尽くし系男子。

ヤブ

お笑い大好きで自分もネタ帳を持ってるとか?!ハマスイきっての小顔。戦隊ものが大好き。ヒーローになりたい系飼育員。

ラビ

野球とお笑い大好き。『ほろよい』一本でガチ酔いできます！好きな食べ物はハンバーガーとお好み焼き。ツッコミ気質の関西男子。

まるばやしさん

切り絵の神様。ペンギン団地の丸窓が特等席。お酒といたずらが大好きなベテラン飼育員。

盛田のおんちゃん

ハマスイの小栗旬として全国に名を轟かすも療養のため退職。節分イベントでは赤鬼として大活躍！

ハマスイの イベントはいっだって本気（マジ）！！

ハマスイでは、節分にはじまり一年を通して色んなイベントを開催しています。やるからには真剣勝負、お客さんに楽しんでもらえるように全力投球！基本的にスタッフ発案でやるき、突発的なイベントもあるので、SNSやHPでの告知をチェックして！

すべてはここから始まった… 節分

「福をトドけろ！鬼退治！」をスローガンに、鬼がトドショーに乱入。お客さんが飼育員やトドガールと力を合わせて退治する催し。ショー後も鬼が館内を練り歩き、ドキドキハラハラ★ハマスイ節分パニックが繰り広げられます。

2017

2018

進化し続ける**鬼!!**

本気で殺（や）られそうなヤバい鬼を演じたのは盛田のおんちゃん。お客さんが撮影しツイートするとバズって注目の的に！

来館者ツイートがバズった！

2019

2018年のバズりのプレッシャーをものともせず、胸のメッセージといかついメイクで衝撃をブラッシュアップ。

まさかの青鬼!!

福の神もおるぜよ

そして**2020**

ハロウィン

年に何回もやるで!!

いつもは17時閉館のハマスイが、特別にナイトイベント営業。ほの暗いプールの底からトドが出てくるハロウィントドショーやウツボの頭を丸揚げにした特別フードメニューなど、目白押しの楽しさです。春にも夏にも開催する好評イベント！

春

海辺のホラコス シュールな感じ

春

ハロウィントドショー in2019の様子。ホラーコスプレで来館したお客さんが大入りになった客席は圧巻！

春

2019年4月の「SPRING HALLOWEEN」では広島フレディ率いる最狂ホラーコスプレイヤーさんたちが来館。迫力満点のコスプレに館内大盛り上がり！

秋

館内のすみずみまで抜かりなくハロウィン仕様に。スタッフ総出で作りこみました！

帯屋町のパレードにも参加！

おとどちゃんはスタッフと一緒に帯屋町のハロウィンパレードにも参加！

2020年 Halloweenの様子

新型コロナウィルスの影響でいつもと同じようにはいかんかったけど、楽しみに来てくれるファンの人のために、可能な範囲で最大限に楽しんでもらえるようにスタッフ一丸となって盛り上げました！

ラビのチャイナ服♡

さんごちのツッパリ！

せーいちの巫女さん♡

ヤブの口鮃女♡

フジのドラキュラ！

ひさぼんのおばけ工場！

激しいだけじゃない！癒しのイベント にもっちんぐ

過激イベントが注目されがちなハマスイですが、ほのぼのイベントもやってます！水槽の中に手を入れてニモ（カクレクマノミ）と触れ合える「にもっちんぐ」。今はコロナ感染予防のため、お休みしてますが、ニモと触れ合える水族館は希少なのですよ。

ハマスイといえば

ゆかいな **Twitter!!**

@katurahama_aq

ツイッターでリツイート＆いいね！してくれたみなさん、ありがとう。いきもの＆スタッフネタでバズるのは水族館公式アカウントとしてのあるべき姿。自虐ツイートは、伸びれば伸びるほどちょっと複雑な気持ちになるけど、それだけハマスイにスポットが当たりゆうってことやし、嬉しい！

＼歩合制じゃないよ！／

#桂浜水族館 #桂浜 #ハマスイ #拡散に目がくらんで嘘ついてごめん #でも遊びに来て #この通りお願いします #海獣班

1.5万件のリツイート　**67件**の引用リツイート　**2.1万件**のいいね

お願いします！！！遊びに来てください！！！！
お客さんがいなさすぎてこのままでは給料がでません！！
うち、歩合制なんです！！！

#桂浜水族館 #桂浜 #ハマスイ #海獣班 #渾身の土下座

2018年5月9日
9.4件のリツイート　**1705件**の引用リツイート　**13.1万件**のいいね

あかーんッッッッッ！！！
ワープする場所間違えたーッッッッッ！！！！！

#桂浜水族館 #桂浜 #ハマスイ #まるのん

1.4万件のリツイート　**139件**の引用リツイート　**2.5万件**のいいね

105

うちのカワウソ大丈夫か。

2019年5月27日

7,511件のリツイート **96件**の引用リツイート **2.3万件**のいいね

ナス。

2019年6月1日

6,382件のリツイート **98件**の引用リツイート **1.7万件**のいいね

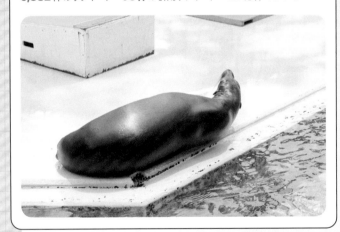

あのすいませんおはようございますお前ら人類、聞こえますか?また滅亡した系ですか??桂浜水族館開館していますよ??45分経つのにノーゲストって人類が滅亡した以外に考えたくないんですけど??????経営が氷河期ですか????????????????おおお?????????お???

2020年9月2日

3.2万件のリツイート **546件**の引用リツイート **7.1万件**のいいね

「桂浜水族館がんばれ」ってコメントいただいてるの見てマネージャーが笑ってる。わろてる場合か。桂浜水族館88歳でご老体に鞭打って年中無休で今日もがんばる。わらうのをやめろ。

4351件のリツイート **20件**の引用リツイート **1.1万件**のいいね

ハマスイといえば

ゆかいな**Twitter!!**

営業してます！！！！！
営業してます！！！！！！
営業してます！！！！
営業してるのに！！！！！！！
営業してるのに無観客！！！！！
営業！！！！営業！！！営業！！！！！！！！！！！
営業！！！！！
えい！！！！えい！！！！ぎょーぉぉぉぉお"ぉおお"ぉぉぉ
お"ー！！！！！

2020年3月6日
4万件のリツイート　**752件**の引用リツイート　**7.1万件**のいいね

むろと廃校水族館
@murosui_kochi

桂浜水族館状態ではございません。
今日から臨時休校に入りました。
無観客水族館でございます。
なお、「サバらしい日々」の
鯖メニューは各飲食店で8日まで実施中です！
2020年3月6日

誰もこないね。
2020年4月11日
3.6万件のリツイート　**425件**の引用リツイート　**23.2万件**のいいね

ペンギンにうんちとおしっこをかけられても嬉しいし、カピバラ
にのしかかられても楽しい。
2020年4月23日
1.4万件のリツイート　**402件**の引用リツイート　**10.2万件**のいいね

営業再開二日目。
ノーゲストッッッ！！！！！！！！
！！！！！！！！！！！！
日本一フォロワー数と来館者数
が比例しない水族館！！！！！！
！！！！！！！！
みんなの徹底したそういうとこ、
好きやで！！！！！！！！
(ドンドンパフパフ)
2020年5月12日
2.9万件のリツイート
185件の引用リツイート
2.2万件のいいね

スタッフ8人vsお客様1人

ファイッ!!!
!!
2020年6月19日
2.1万件のリツイート　**439**件の引用リツイート　**11.7万**件のいいね

ああああああああああああああああああああああああああああああああ
ああああああああああああああああああああああああその一人も退館されて今ス
タッフ8人vsお客様0人の戦いが始まったああああああああああああ
ああああああああああああああああああああああああああああああああ
あああああああああああああああああああああああああああああ
5328件のリツイート　**62**件の引用リツイート　**3万**件のいいね

おい！！！このツイートを「いいね」したやつ！！！！！！！！ふざ
けんな！！！この野郎！！！！温かくて胃に優しくておいしいもの
にお腹も心も満たされて、ぬくぬくのお風呂でぽかぽかしたら、
嗜む程度の酒が五臓六腑に染み渡り、質の良い睡眠でいい夢見
やがれ！！！！！！！！！！！！！！！！！！！
3436件のリツイート　**52**件の引用リツイート　**2.5万**件のいいね

ハマスイといえば

ゆかいなTwitter!!

秘蔵しようと思ってたけど、笑いすぎてしんどいから
みんなも被害受けて。
4.1万件のリツイート　**935**件の引用リツイート　**19.6万**件のいいね

もうやだこの水族館。被害届出そ。
1587万件のリツイート　**21**件の引用リツイート　**1.2万**件のいいね

2020年10月16日
8709件のリツイート　　**544**件の引用リツイート
8.1万件のいいね

さいきんのバズりは
もっぱら **カワウソ・ベイビー！**

どうか初めて見た空が
やさしい色で
ありますように。
2020年10月11日
1.4万件のリツイート
311件の引用リツイート
14万件のいいね

ふたりごと。
2020年10月16日
811件のリツイート　　**44**件の引用リツイート
7688件のいいね

ギャルが「ベビたん」って言
う気持ち、今ならすげぇわ
かるわ。ベビたんだわ。も
はやその可愛さに敬意を表
してベビたん様だわ。
2020年11月18日
1.8万件のリツイート
1221件の引用リツイート
13.5万件のいいね

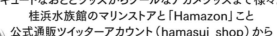

HAMASUI
ORIGINAL ITEM

ハマスイファンならもうすでに持っちゅう人は多いと思うけど、
各種オリジナルグッズを販売中！
キュートなおとどグッズからクールなアカメグッズまで様々。
桂浜水族館のマリンストアと「Hamazon」こと
公式通販ツイッターアカウント（hamasui_shop）から
購入できます。

ハマスイ×むろと廃校水族館Tシャツで
シンプルコーデにゆる怖なアクセント♡

シックなブラックコーデに
まるビエTでエスプリをひと添え

Tシャツ

現在販売中のハマスイオリジナルTシャツはこの2種。シーズン問わず使える定番カラーの赤や黒に、ファニーなモチーフをプリント。赤いTシャツの正式名称は「誓いを交わしたコラボTシャツ むろとハイッ食おう水族館」、ダジャレ！夏は1枚で、秋～春は重ね着して着倒して。サイズ展開はS、M、L、XL 各¥4000

Tシャツ

おとどちゃんの生みの親・デ
ハラユキノリさん製作のおとど
Tシャツも販売中♡ 夏を楽
しむおとどちゃんバージョン
と（写真の2色の他に白もあ
り）、おとどちゃんになりきれ
る「I♡えさ」Tシャツの2種。
サイズ展開はM、L、XL 各
¥4000

トートバッグ

飼育員まるのんが描いたアマビエをプリ
ントしたキャンバス生地のトートバッグ。
マチ付きでたくさん荷物が入るき、エコ
バッグとして常にバッグに忍ばせて。白、
ピンク、水色の3色展開でお届けします。
各¥2500

ふんわり優しいパステルピンクの生地に鮮やかなピンクのお
とどちゃんをフォトプリントしたトートバッグも発売中♡ こちらも
たっぷり収容できるマチ付き＆しっかりした生地なのでガンガ
ン日常使いしてください！¥4000

エサ
魚は
取り外せるで！

ソフトビニール製のおとどちゃんフィギュアはたわわにポロリを
かました色白おとどと、爽やかカラーリングのブルーおとどの
2パターンが。別バージョンを入荷することもあるので、ぜ
ひコンプリートして。足の裏にシリアルナンバー入りの限定ア
イテム。おとどちゃんの大好物のお魚と2種類のステッカー
付き。W12×H14×D6cm ￥6000

BOX

SIDE　　BACK

おとどちゃんフィギュア

おとどポストカード

「サービスよ」「直立」「水族館」
など、7種類のおとどちゃんポス
トカードをセットで販売。遠
く離れたあの人へ久しぶりの
お手紙を書いてみませんか？
きっとびっくりされますよ。
各￥200

缶バッヂ

デハラユキノリさんによるオリジ
ナル缶バッヂ。台紙のおとど
ちゃんがインパクト大だけど、
「やさしい飼育」を掲げた飼
育員フィギュアが。コーディネー
トのアクセントにぴったりのビ
ビッドなおとどピンク。直径
4.5cm ￥400

むしゃぶり
ついT♡

おとどのえさ

おとどちゃんの大好物のエサとは、人間が食べても美味し
いカツオ入りフィッシュソーセージのことだったのです！ カルシ
ウムたっぷり、通販では5本セットで販売中。エロかわいい
パッケージにも注目♡ 1本￥250、5本セット￥1250

カワウソポストカード

コツメカワウソたちならではのポストカードも販売。オリジナルなのでいつも同じものがあるわけではない！気に入ったら即買い！各¥200

ハマスイオリジナルのカワウソぬいぐるみ

全国の水族館ショップなどで愛らしいルックスと抱き心地のよさで人気を博しているカワウソのぬいぐるみ。別注カラーのピンクのカワウソが買えるのはハマスイだけ！（約）W22×H30×D22cm ¥4000

まるばやしさんポストカード

勤続46年のベテラン飼育員まるばやしさんが描いた、ハマスイの日常の風景を6枚、ポストカードにしました！優しいタッチのイラストは幅広い世代にウケがよいのです。各¥200

クリアファイル

桂浜水族館の水槽のスター・アカメをプリントしたクリアファイルは、なかなか他と被らない力強いインパクト。ゴールドに輝くロゴがゴージャスな、大人な雰囲気の逸品。¥1000

チンアナゴリコーダー

イチオシアイテム、トド＆アシカショーで大活躍するチンアナゴリコーダーとは、チンアナゴの化身！？持つだけでちょっぴり飼育員気分を味わえるかも？各¥660

アカメタオル

迫力満点のアカメがプリントされたタオルは、かっこよく持てるハマスイグッズ。部活終わりやトイレの後にこのタオルで拭いていたら一目置かれる可能性あり。ハンドタオル¥700、フェイスタオル¥1000

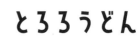
出汁にわかめにとろろ、豊かな海の香り！

ハマスイのフードストアのメニューをあなどるなかれ。
創意工夫を凝らした独創的なものから、
地産地消メニューが多数存在するのです。
どれもなかなかのもんやけど、
特におすすめのメニューをピックアップ。
海やいきものを眺めながら食べるき、さらに美味しく感じるで！

もりもり食べられる漁師のまかない丼！

とろろうどん

たっぷり入ったとろろとわかめでミネラル豊富、さらに天かすも入ってボリュームたっぷり。しっかりと出汁の効いたつゆが体に沁みます。¥600

どこかなつかしいおふくろの味

浦戸ごはん

ほかほかのご飯の上にたっぷりの花かつおとしらす、わさびとたくあん、出汁醤油。土佐の漁師がかっこむパワー飯を元にしたオリジナル丼飯です。

¥600

やきめし

スタッフに大人気！ しっかり炒めた素朴な味わいのやきめしは、妙にクセになる美味しさ。福神漬け付きなのも嬉しい。¥600

ジューシーな
じゃこ天

みませ天

御畳瀬の沖ウルメ（沖キス）をたっぷり使った特製のすりみ天ぷら。旨味たっぷり、あつあつの揚げたてをどうぞ！¥250

ショーを眺めながら
つまむのもよし◎

からあげ

ホットスナックの定番、からあげもご用意してますよ。食べ歩きしやすいように紙袋に入れて提供するので、ショーや展示を眺めながらどうぞ。¥400

あおのりと
タケノコ入り！

おらんくコロッケ

四万十川のあおのりと刻んだタケノコが入ったオリジナルレシピのコロッケ。ほくほくな食感に風味豊かな具が混ざっていて、噛むほどにおいしい！¥250

高知の道の駅で人気の
豚まんがハマスイ
下でも食べられる！

ハマスイイチの
映えグルメ

あぐり窪川の豚まん

高知ではもはや定番、道の駅「あぐり窪川」の豚まん。大粒の高知県四万十町窪川ポークと高知県さんタケノコと国産たまねぎを使用したビッグサイズな一品です。¥300

ちんあなご
アイス

ミニかき氷の上に、バニラアイスクリームをトッピングした欲張り仕様。
パンチが欲しい！という方には「ばぷれもんアイス」がおすすめ。ゆず、アイスクリン、かつおという高知の三大グルメを融合したオリジナルスイーツです。

OTODO バズリ

2020年夏、
おとどちゃんがツイッターにUPした
おとどの大好きおつまみが大バズり。
やっぱり簡単で酒が進むもんがみんな好き!
ってことがわかったき、改めてそのレシピと、
他にも高知には簡単でうまい郷土料理があるき、
ご紹介します!
この機会に全国へ広めたい、高知の食。

おとどのバズりつまみ&巻きつまみ!

オクラのちくわ揚げ
オクラの豚肉巻きと
ミョウガの豚肉巻き

オクラを!!!!

ちくわに!!!

うまい
!!!!!!!!!!

オクラのちくわ揚げ
[材料]
オクラ　食べたい量
ちくわ　オクラと同数
天ぷら粉　適宜
水　天ぷら粉の袋の表示通りの量

[作り方]
1 オクラを軽く茹でておく。面倒やったら生でもよし。
2 1をちくわの穴に挿す。
3 2に水で溶いたてんぷら粉をつける。
4 170℃に熱した油(分量外)で揚げる。
☆召し上がる時は、塩、塩コショウ、抹茶塩など、お好みで! 何でもうまい!

COOKING

ぶち込んで!!!!

揚げる!!!!!!!

スタミナおつまみ＆おかずにもGOOD！

揚げナス

オクラの豚肉巻きとミョウガの豚肉巻き

[材料]
豚肉（薄切り）　オクラ・ミョウガと同数
オクラ　食べたい量
ミョウガ　食べたい量
油　適量
塩コショウ　適量

[作り方]
1 豚肉はさっと湯にぐぐらせ火を通す。
2 オクラも軽く茹でておく。
3 2とミョウガを1で巻く。
4 フライパンを温め、油を敷き、3を並べて焼く。
5 焼き目がついたら塩コショウで味付けをする。

[材料]
ナス　食べたい量
A すりおろしにんにく　適量
A すりおろししょうが　適量
A 砂糖　適量
A 醤油　適量
ネギ　食べたい量
ゴマ　適当

[作り方]
1 ナスを大きめの拍子切りにする。
2 170℃に熱した油（分量外）で素揚げする。
3 ナスが揚がったら油を切って深さのある容器に入れる。
4 Aを混ぜ合わせ、3にかける。
5 刻んだネギをまぶし、ゴマをかける。

美味しいと思えばなんでもよし！

茄子の南蛮酢

[材料]
ナス　食べたい量
A お酢　適量
A 砂糖　適量
A 出汁　適量
A 醤油　適量
たまねぎ　食べたい量
ミョウガ　食べたい量
ネギ　食べたい量
ゴマ 適量

[作り方]
1 ナスを大きめの拍子切りにする。
2 170℃に熱した油（分量外）で素揚げする。
3 ナスが揚がったら油を切って深さのある容器に入れる。
4 Aを混ぜ合わせ、3にかける。
5 スライスしたたまねぎとミョウガ、刻んだネギを盛り付け、ゴマをかける。

高知流、無限ピーマン！

ピーマンとじゃこの炒め

[材料]
ピーマン　食べたい量
ちりめんじゃこ　食べたい量
油　適量
醤油　適量
みりん　適量

[作り方]
1 ピーマンのタネを除き、千切りにする。
2 熱したフライパンに油を敷き、1とちりめんじゃこを炒める。
3 2に火が通ったら、醤油とみりんで味付けをし、さらに炒め合わせる。

高知の山菜と練り物のさっぱりつまみ
リュウキュウと スマキの酢漬け

[材料]
リュウキュウ　食べたい量
すまき（県外では「ないらげ」ともいう）
食べたい量
A 酢　適量
A 砂糖　適量
A 出汁　適量
A 醤油　適量
ゴマ　適量

[作り方]
1 リュウキュウの皮を剥いたらそぎ切りにし、塩で揉んで水気をしぼっておく。
2 すまきを適当にスライスしておく。
3 Aを混ぜ、1に合わせて味をつける。
4 2を1に入れてさらに混ぜ合わせる。
5 ゴマをかける。

柔らかいタケノコが美味しい、高知流の筑前煮
四方竹の煮物

[材料]
四方竹　食べたい量
にんじん　食べたい量
れんこん　食べたい量
ごぼう　食べたい量
しいたけ　食べたい量
鶏もも肉　食べたい量
水　具材にかぶるくらい
ほんだし　適量
砂糖　適量
出汁醤油　適量

[作り方]
1 四方竹は斜め切り、にんじん、れんこん、ごぼうは乱切り、しいたけは4つ切り、鶏もも肉は1口大に切っておく。
2 鍋に水を入れて沸かし1を入れて茹でる。
3 ある程度火が通ったらほんだしを入れて下味をつける。
4 3に砂糖と出汁醤油を加え、味を整える。

ハマスイの前に広がる美しき太平洋……

KATSURAHAMA PHOTO MEMORIES ♡

青い空と海のイメージが強い桂浜やけど、毎日実に色んな表情を見せてくれます。嵐の日の大迫力な桂浜もなかなか見もの。天気が悪い日にあえて遊びに来るっていうのもイキなハマスイ＆桂浜の楽しみ方です。
※桂浜は遊泳禁止です。

雲があるのもえいのう……

船もえい！

もくもく雲が
浮かぶのもえいし……

ん？雲行きがヤバないか？

ぎゃー台風の日は生死をさまようヤバさや!!

ハマスイとともに
高知を好きになる

ハマスイスタッフに聞いた！
高知のおすすめスポット

高知に遊びに来たらハマスイ以外はどこへ行こう？ とお困りのあなたのために。ハマスイスタッフにおすすめ＆お気に入りの場所を教えてもらいました。よかったら参考にしてみてや！

※新型コロナウィルスの影響で営業時間・休みに変更がある場合があります。行く前に確認を！

せーいち

新型コロナウィルスの流行前は、よく**ひろめ市場**へ呑みに行ってました。たくさんお店があるので色んな食や酒を楽しめます。

ひろめ市場
[平日・土・祝]9:00 ～ 23:00
[日]7:00 ～ 23:00
※各店舗の営業時間と休みは異なります。
元日および6月・10月・11月に年6日程度休み
高知県高知市帯屋町2丁目3－1
088-822-5287

もつ鍋とみ～。
17:30 ～ 23:00
不定休
高知県高知市
はりまや町2-3-13
088-885-4707

ウラ

もつ鍋とみ～。
が好きです！

まるのん

よがなうどんの、手打ちの細麺と香りのいい出汁がうまいです！ 横浜店は毎月2回、太麺の日があります。

ヤブ

麺屋 輝
11:00 ～ 14:30、
17:30 ～ 21:00
火曜休
高知県高知市鴨部2-3-20
088-843-9599

よがなうどん 横浜本店
11:00 ～ 15:00（または麺切れまで）金曜休
高知県高知市横浜450-1　088-837-2215

よがなうどん 横内店
11:00 ～ 14:00（または麺切れまで）金曜休
高知県高知市横内99-1

デュロックマン56
10:00 ～ 21:00　元日休
高知県高知市南御座6-10
0888-55-9029

OJAI Burger
12:00 ～ 15:00、18:00 ～ 24:00　月曜休
高知県高知市帯屋町1-4-4 ハッピービル 1F
088-825-0090

いわゆる"二郎系"ラーメンの**麺屋 輝**にはよく先輩と一緒に行きます。

ラビ

ハンバーガーが好きで、肉厚ハンバーガーが色々ある蔦屋書店にある**デュロックマン56**によく行きます！ あと**OJAI Burger**（オーハイ バーガー）も好き。

フジ

ハマスイから足を延ばして、**日高村オムライス街道**へ行くと、色んなお店で日高村のトマトを使ったおいしいオムライスが食べられます。あと、**マサラ百石店**のラルカレーセットもおすすめ。僕のお気に入りはカレーの辛さが調節できる「ラルカレーセット」。4倍、5倍でもだいぶ辛い!

日高村オムライス街道
高知県日高村国道33号線
近隣にある9店舗で
2021年3月28日まで開催
問合せ／日高村観光協会
0889-24-5888

インド料理 マサラ百石店
11:00 〜 22:00　元旦休
高知県高知市百石町 2-34-14
088-832-6393

さめ

アクアリウムの店
でよく癒やされています。

桂浜からはちょっと離れるけど、清流・仁淀川のそばにある**むささび温泉**はいい。僕もよく癒されに行きます。食べ物なら、**稲月のクジラ**のレアカツが最高にうめえ!

盛田のおんちゃん

稲月
11:00 〜 14:30 17:00 〜
(夜は予約のみ)不定休
高知県土佐市蓮池 2185-1
088-852-1777

吾北むささび温泉
10:00 〜 21:00 (受付 20:00
まで)木曜休｜高知県吾川
郡いの町小川東津賀才 53-1
088-867-3105

カフェなら高知の食材をたくさん使ったメニューが多い**5019 PREMIUM FACTORY**(ゴーイング プレミアム ファクトリー)。居酒屋なら**中洲**がお気に入り。ここでぜひ食べてほしいメニューは海のギャング揚げ。ウツボの頭をまるまる揚げてます!

もりちゃん

居酒屋の**葉牡丹**。安くて美味しいし、古民家みたいな風貌がたまらないです。2021年の3月まで改装中みたいなので、終わったらまた行きたい。あともうひとつ、**万々飯店**もおすすめ。とにかく量がバグってて、ちゃんぽんとか、とんでもなく多い! オムライスが美味しいです。

万々飯店
11:00 〜 15:00、
17:00 〜 21:00 火曜休
高知県高知市越前町 2-15-2
088-822-3690

館長

5019 PREMIUM FACTORY
11:00 〜 17:00、18:00 〜 26:00
(木のみ)11:00 〜 17:00　無休
高知県高知市帯屋町 1-10-21　088-872-5019

中洲
[月〜木]17:00 〜 23:00
[金・土]18:00 〜 24:00　日曜休
高知県高知市はりまや町 1-8-1　088-883-0528

ハマスイ中心の高知旅♡ おすすめ妄想プラン

よく遠くから来館してくれた方からハマスイ以外のおすすめの場所や観光コースを相談されます。そんなわけで、色んな妄想プランを立ててみました！ ハマスイの後は、これをベースに、好みや目的に合わせて適宜カスタムしてみてや！ ただし、桂浜は高知の繁華街から少し離れたところにあるき、ハマスイのために1日確保するのは絶対で！
※ハマスイへのアクセスはP142を見てや！

コンパクトにハマスイと高知を楽しんでや！ 1泊2日 ハマスイ旅のご提案

電車とバスを駆使して呑みまくり！

のんだくれコース

1日目

午前中に高知着

ホテルへ先に荷物を預けて身軽になったら、はりまや橋バスターミナルから桂浜行きのバスで桂浜へ。高知駅からも桂浜行きのバスが1時間に1本ほどあります。空港からバスで市内に来る場合ははりまや橋で降りると乗り換えがスムーズ！

桂浜へ到着

龍馬像を見たりしながらハマスイへ移動。この時、ちょっと小高い場所の散策になるので、スニーカーなど楽チンな靴がマスト。ハマスイは桂浜の浜辺にあるので、雄大な太平洋はこのタイミングで堪能して。

ハマスイへ入館

まずはショーのタイミングをチェックしておいて、合間で展示をくまなく観覧。体験型の展示も多々あるので、なんとなく段取りとコースを決めておくのが大人のハマスイのたしなみ方。

フードストアでランチ

オープンエアでオーシャンビューのフードストアには缶ビールが！ おらんくテラスでのんびり海や館内を眺めながら飲むビールは最高。バスで来たのはこのためよ！（車でご来館される方のために、ノンアルコールビールのご用意もありますよ）

ひきつづき館内をエンジョイ

売店コーナーでお土産を買うのもお忘れなく。

そろそろ市内へ戻る

バス待ちの間に周辺の土産店で土佐土産を。ここでしか買えん、悠久の時を超えたエモい土産グッズがめちゃんこあるぜよ。

呑みに繰り出す

夜はこれから！ ハマスイ土産などをホテルに置きに戻ったら、高知の歓楽街へ。観光客向けのメジャーな店も安心感があっていいけれど、個人経営店のハシゴ酒を推奨します。迷った時は「葉牡丹」（※現在改装中、3月頃オープン）へ。締めは屋台の餃子！

2日目

ホテルをチェックアウトし、高知駅へ

荷物が多いとフットワークに影響が出るので、駅のコインロッカーに預けとこ！

JRで佐川駅へ

中村方面行きの特急で30分、鈍行で60分ほどで高知を代表する酒造・司牡丹の「酒ギャラリーほてい」がある佐川町へ到着。試飲も楽しめて司牡丹の日本酒、徳利やおちょこの取り扱いがあるのでお土産もばっちり探せる！ ほろ酔いで歩く、土蔵が並ぶ街並みもいい感じ。

JRで高知駅へ

飛行機や電車の時間に余裕があるなら、路面電車の"とでん"に乗って「ひろめ市場」で昼酒や！

いい気分で空港へ

早めに手続きをすませ、空港の居酒屋で最後の一杯。カツオの藁焼きが楽しめるブースを設けたカウンター席のある「TOSAMON dining べんべん」で土佐の魚や軍鶏料理に舌鼓を打つのもいいかも。

土佐恵みを食い倒れ！

食育体験コース

1日目

午前中に高知着

ホテルへ先に荷物を預けて身軽になったら、はりまや橋バスターミナルから桂浜行きのバスで桂浜へ。高知駅からも桂浜行きのバスあり。空港からバスで市内に来る場合ははりまや橋で降りると乗り換えがスムーズ！　車の方はとりあえずナビに従ってきてや。

▽

桂浜へ到着

龍馬像を見たりしながらハマスイへ移動。車の場合、駐車場からはすぐに階段があり、龍馬像方面とハマスイ方面への二手に別れているけど、あえて龍馬像方面へ進んで。龍馬像→桂浜→ハマスイと理想的ルートを辿れます。わき目も触れず、一刻も早くハマスイへ行きたい！　という人は、迷わずハマスイ方面へ進むべし。

▽

ハマスイへ入館

ショーのタイミングをチェックし、合間で展示をくまなく観覧。体験型の展示も考慮して、大体の段取りとコースを決めておくのが大人のハマスイの嗜み方。

▽

フードストアでランチ

色々メニューはあるけど、「みませ天」(P113)はぜひ食べてみて。魚を見た後、魚のすり身を揚げたものを食べる。これはまさに食育。食後は引き続き館内を満喫！

▽

そろそろ市内へ戻る

バス待ちの間に周辺の土産店で土佐土産を。ここでしか買えん、悠久の時を超えたエモい土産グッズがめちゃんこあるぜよ。車の人も、ぜひ立ち寄ってみてや。

▽

土佐料理を味わいに

ハマスイ土産などをホテルに置きに戻ったら、高知の歓楽街へ。カツオの藁焼き、皿鉢料理、なんてことない居酒屋で出てくる家庭料理がうまかったりする。高知のローカルチェーン「ラーメンの豚太郎」のみそカツラーメンも高知ならではなので、ぜひ食べてみてや！

2日目

ホテルをチェックアウト

週末旅行で高知に来たなら、日曜市へ行ってみて。朝採れの高知野菜やおばちゃんの作った田舎寿司や漬物、芋天などがずらりと並んでいて、ぶらぶら歩くだけでも楽しい。

▽

ひろめ市場へ

朝から飲める場所として有名な（?）ひろめ市場だけど、もちろん飲まずに食事だけでもOK。カツオのタタキに、ウナギや海鮮、中華、土佐赤牛が楽しめる店も。どの店にしようと迷うことなかれ。400席のイートインスペースで購入した料理やお酒を楽しむスタイルなので、ちょっとずつ美味しいとこ取りができるのです！

西島園芸団地へ

一年中メロンやスイカが楽しめ、彩り豊かに咲き乱れる花々はまさに南国の楽園。花や植物を眺めながら散歩して、小腹が空いたらフルーツで満たして。春はいちご狩りも開催。車がないと行きづらいですが、空港まで車で15分ほどなので飛行機の時間までのんびり過ごせます。

飛行機の人はそのまま流れるように空港へ

飛行機や電車の時間に余裕があるなら、路面電車の"とでん"に乗ってひろめ市場で昼酒や！

幕末土佐コース

龍馬ファンもきっと大満足！

1日目

午前中に高知着

ほかのプランと同じくホテルへ先に荷物を預けて身軽に！　はりまや橋バスターミナルから桂浜行きのバスで桂浜へ向かう。高知駅から直接行くこともできます。空港からバスで市内に来る場合ははりまや橋で降りると乗り換えがスムーズ！

▽

龍馬記念館へ到着

バスで来る人は、ハマスイの最寄りの桂浜バス停の一つ手前、龍馬記念館前で下車。午前中はここでたっぷり坂本龍馬や幕末の土佐に思いを馳せて。ここからハマスイは徒歩10分ほど。傾斜が急な道を抜けていくので、ちょっといい運動になります。

▽

ハマスイへ入館

まずはショーのタイミングをチェックして、お腹が空いてたらフードストアでランチを。お茶をしながらひと休みするのもいいでしょう。ひと息ついたらショーに展示に、思いっきりハマスイを堪能！

市内へ戻る前に…

龍馬像を経由できるので帰りのバスは桂浜から乗るのがおすすめ。ばっちり記念撮影して行ってや！　時季によっては夕日に染まる桂浜と龍馬像、粋な写真が撮れるかも！

▽

龍馬飯を堪能する

夜はぜひとも、龍馬が暗殺される前に食べようとしていたことで知られる軍鶏鍋を。軍鶏鍋がうまい店は色々出てくるき、各自検索してや！　あと龍馬はサバ好きという説もあるき、夏や秋はサバを楽しむのもえいかもね。

2日目

ホテルをチェックアウト

坂本龍馬ゆかりの地、上町（かみまち）へ移動。上町近くの宿に泊まったなら周辺をのんびり散歩しながら、はりまや橋や駅付近の宿からなら、路面電車の"とでん"に乗っていくのも乙なもの。

▽

龍馬の生まれたまち記念館へ

館内見学後は近くにある生家や通っていた「日野根道場跡」や龍馬ポストがある「龍馬郵便局」など、坂本龍馬ゆかりの地ならではのスポットを巡って龍馬づくしのひとときを。

屋敷跡＆高知城を楽しむ

昼食を挟んで午後は天然温泉「三翠園」の敷地内にある旧山内家土佐藩主屋敷跡に立ち寄って気持ちをさらに高めてから、高知城へ。城のふもとには「高知城歴史博物館」があるき、歴史欲がしっかり満たせるで！

空港へ向かう

飛行機の人は、高知城から空港へ行く場合、はりまや橋が最寄りのバス停。ただし、高知城からバス停までは徒歩20分ほどかかるので、余裕を持って動くべし。

昭和スポットコース

懐かしい＆びっくりスポット！

1日目

午前中に高知着

ほかのプランと同じくホテルへ先に荷物を預けて身軽に！　はりまや橋バスターミナルから桂浜行きのバスで桂浜へ向かう。高知駅から直接行くこともできます。空港からバスで市内に来る場合はりまや橋で降りると乗り換えがスムーズ！

▽

桂浜へ到着

桂浜に到着したら土産物屋をまずはチェック。帰りに買うものを品定めしておこう。昭和から続く悠久の時を超えたエモい土産グッズがめちゃんこあるぜよ。食堂もあるき、朝ごはんがまだなら、アイスクリンやおでんなんかを軽くつまんでもえいと思う。4月には改修工事が始まるので、今がラストチャンス!!

▽

ハマスイへ入館

ショーのタイミングをチェックし、合間で展示をくまなく観覧。体験型の展示も考慮して、大体の段取りとコースを決めておくのが大人のハマスイの嗜み方。ランチはもちろんフードストア！

▽

そろそろ市内へ戻る

バス待ちの間に例の土産物屋でお買い物。いつからあるの？ という激渋なものからファンシーなものまで、ここでしか買えんものをしっかりゲットして。車の人も忘れんと立ち寄ってみてや。

▽

高知の昭和酒場や老舗レストランへ

音楽好き喫茶店好きなら、帯屋町にある1960年代から続くジャズ喫茶「木馬」はぜひ行って欲しい！「木馬」の近くにえい感じの酒場やバーがあるき夕飯もそのあたりで。車の方は南国市の老舗レストラン「グドラック」もおすすめ。お隣の市やけど、はりまや橋あたりから車で30分もかからんし、店内に鯉が泳ぐ岩池や生簀があって、地元食材を使った昔ながらのレストランメニューが和洋中色々楽しめるで！ デザートのとんがりアイスは絶対食べて欲しい。

2日目

ホテルをチェックアウト

荷物が多いとフットワークに影響が出るので、はりまや橋バスターミナルのコインロッカーに預けとこ！

▽

沢田マンションへ

高知の裏名建築「沢マン」を見学に。1970年代に夫婦2人だけで一から作り上げた白亜の巨大マンションは大迫力！ 高知まで来たならいっぺん見ちょくべき。中にはカフェやギャラリーもあって事前に予約したらツアーもあるみたいなき、じっくり堪能して。北はりまや橋バス停からバスに乗って薊野西バス停へ。ここをつなぐバスの路線はいくつかあるき、調べてみてや。

コインスナックプラザへ

沢マン最寄りの薊野西バス停から二つ先の比島バス停まで乗り、レトロ自販機がたくさんある「コインスナックプラザ」へ到着。車なら5分ばの距離。ジュース自販機だけでなく「うどん・そば」「ラーメン」「トーストサンド」と昔懐かし食事系自販機があるき、好きな人にはたまらんはず！ 特に「ラーメン」自販機は珍しいと思うき食べてみて。

▽

日本サンゴセンターへ

「コインスナックプラザ」最寄りの比島バス停からはりまや橋まで行き、種崎行きのバスに乗り継いで「日本珊瑚センター」へ。ここも建物がなかなかかわいいき！ そして「宝石珊瑚資料館『35の杜』」で昭和ゴージャスなサンゴの世界を堪能。「コインスナックプラザ」でお腹が満たせんかった人はここのレストランやすぐ近くにある「かつお船」でちょっと遅めのランチをするのもえいね。「かつお船」もフェリー型の建物がえい感じで！ ちなみにここはハマスイのある浦戸の向こう岸にあるき、車の人はついでにまたハマスイへ寄れるで！

▽

空港へ向かう

飛行機の人は、やはりバスを乗り継がんといかん。「日本サンゴセンター」最寄りの三里文化会館前バス停から菜園場町バス停まで乗車し、空港行きのリムジンバスに乗り換え。移動時間は1時間くらいやけど余裕を持って動いて。

四万十、竜串、柏島で魚を見まくる！

高知県西部コース

2泊3日
レンタカー絶対推奨‼ 車がないと結構難儀
ハマスイと高知の西から東を楽しむ旅のご提案

1日目

ハマスイを全力で楽しみ尽くす

前出のようなパターンでがっつりハマスイを堪能する。とにかくしっかりハマスイを楽しむこと。このために高知へ来るがやろ？　じゃあ丸一日ハマスイを本気で楽しんで！

高知泊

高知は横に長く、とにかく移動に時間がかかるき、翌日の移動に備えて鋭気を養って！

2日目

県西部へ出発

JRに乗って2時間半ほどで中村駅へ。車移動の場合、途中のランチは道の駅でもえいけんど、須崎市に寄ってご当地グルメ「鍋焼きラーメン」をぜひ食べちゃって。

四万十川を遊覧する

中村駅に到着したら、バスで四万十川の遊覧船乗り場へ向かう。1時間ごとに運航しているので予約なしでも乗れるそうやけど……でも一応確認してね！

or

または新旧の水族館を堪能

四万十川をスルーの場合、中村駅からバスで竜串まで行き（海底館前下車）、高知が誇るレトロフューチャースポット「海底館」と2020年夏にオープンしたての水族館「SATOUMI」を堪能するのもえい。
2日目まではバス移動できるけど、3日目に柏島へ行く場合、中村駅でレンタカーを借りておくのは必須。ないと行けん！

四万十市もしくは土佐清水市泊

四万十市は市役所付近に繁華街があるき、繰り出すと楽しい。土佐清水市はサバ料理やご当地グルメのペラ焼きが有名。確実に運転疲れしたと思うのでゆっくり休んで。

3日目

南西の楽園・柏島へ

四万十市からも土佐清水市からも車で1時間強、大月町にある柏島へ向かう。エメラルドグリーンの海の美しさにしこたま感激する。透明度が高すぎて空中に浮かんだような船を見て驚いたり、時季がよければダイビング体験もする。とにかく楽園。

道の駅に立ち寄りながら空港へ

幸せの時間は短いき、柏島をある程度楽しんだら飛行機の人はもう空港へ向けて出発して。ちなみに、高知空港まで自動車道を使って3時間強、下道で4時間半かかるき、夜便の飛行機でも昼過ぎには出発した方が安心。中村駅でレンタカーを借りた場合は返却後、2時間半かけて電車で高知駅→バスで40分ほどかけて空港というルート。そのくらい高知は広い！　運転頑張ってや！

こっち側は電車とバスでも行けるかも……？

高知県東部コース

1日目

ハマスイを全力で楽しみ尽くす

もちろん県東部へ行く場合も、1日目はがっつりハマスイを堪能する。とにかくしっかりハマスイを楽しむこと。なんのために高知へ来たが？　丸一日ハマスイを本気で楽しむため！

高知泊

高知は横に長く、とにかく移動に時間がかかるき、翌日の移動に備えて鋭気を養って！

2日目

県東部へ出発

電車の人は高知駅からJRに乗ってごめん駅へ。土佐くろしお鉄道のごめん・なはり線に乗って安芸駅に向かう。車の人も安芸駅を目指して。

安芸市観光を楽しむ

駅構内にあるレンタサイクルを利用し、安芸市散策。明治時代に周辺の地主が自作した野良時計や、江戸時代の武家屋敷エリア土居廓中を見物。ランチは「廓中ふるさと館」で、地元でとれたじゃこをたっぷり使った「かき揚げちりめん丼」がうまい！　三菱財閥創始者・岩崎彌太郎の生家や銅像も近くにあり。

「モネの庭」を堪能

安芸駅へ戻り、再びごめん・なはり線に乗って終点のはなり駅へ。バスで「モネの庭」へ向かう。画家のモネが愛したフランス・ジヴェルニーの庭をモチーフに創られた施設なので高知におりながらフランスの風を感じられるはず。江戸からフランスという極端を体験できるのはたぶんこの旅だけ！

北川村もしくは室戸市泊

北川村は美肌の湯として知られる温泉宿「ゆずの宿」があり、日帰り入浴もできるので、旅の疲れを癒しに行くといいかも。室戸市は海の幸も山の幸も豊富で、おさえてほしいのが鯨とキンメ料理！

3日目

「むろと廃校水族館」へ

北川村へ泊まった場合はなはり駅まで戻り、バスで室戸市へ移動し、宰戸岬や室戸ジオパークで地球の壮大さを感じたのち「むろと廃校水族館」へ。ここは廃校になった小学校を改修し、屋外プールや校舎内に設置した水槽にブリやサバ、地元定置網にかかったカメなどが泳ぎゆう場所。小学校の懐かしい雰囲気の中で魚を見るという、ハマスイとはまた趣の異なる水族館ぜよ！

空港へ向かう

バスと電車を乗り継ぎ、空港へ向かう。車の人は「むろと廃校水族館」から高知龍馬空港までは1時間半ほどなので、飛行機の時間まで余裕があれば途中で馬路村へ立ち寄って馬路村温泉でリフレッシュしたり、柚子関係のお土産を買うのもえいかも。

桂浜水族館のあゆみ

2021年、創立90年を迎えた桂浜水族館。その歴史は古く、太平洋戦争勃発時に一時的に閉鎖したことはあったものの、長期に渡り社会教育・観光施設として活動を続けています。1984年に黒潮博覧会の開催に合わせて移転新築となり、現在に至っています。

わしが創ったがじゃ！

初代館長・永國亀齢

昭和5年、ハマスイができる前の浦戸湾の様子。桂浜にはまだ何もない。

昭和20年代のハマスイの様子。中央の生簀を囲んでコの字型に展示用の水槽が並んでいた。

1931 (昭和6)年4月1日　開館	"月の名所"の景勝地に昭和3年5月27日に坂本龍馬像が建立され、桂浜はこれまで以上に人気を高めていた。同地生まれの初代館長・永國亀齢（ながくにきれい）が、その頃上阪のついでに堺大浜の水族館を見て感動。地元の友人に働きかけ機船底引き網でとれる土佐湾の種々の魚を生かして見せる水族館と釣堀を開設した。
1934 (昭和9)年9月21日	室戸台風で致命的な被害に遭い、一閉館。
1935 (昭和10)年9月11日	鉄道・土讃線が開通。
1937 (昭和12)年3月22日〜5月5日	（土讃線全通記念「第1回南国土佐大博覧会」開催（入場者数44万人）。 主会場となった鏡川べりの柳原（みどりの広場）の第二会場として、桂浜に本格的な水族館を建造した。 この大博覧会を目当てに当時、対岸の種崎でも水族館を建造中で、初代館長はそれに負けない設備を五台山の山中で秘密裏に小作りし、こっそり桂浜に舟で運びあげ一夜にして建て上げたといわれている。日本一の龍馬像が、東京から神戸に汽車で運ばれ、さらに汽船で運搬されて竜頭岬巌頭に立ったのを真似たとも、秀吉の清州城構築戦法を真似たともいわれた。（詳しくは次のページの「永國亀齢ものがたり」を！） 当時、底引き網漁業で財をなしていた初代館長は、この時浦戸城址の山頂（龍馬記念館の北側）に洋風の展望台も建設。浦戸湾を巡航でくる観光客に「水族館は桂浜」と、拡声器も利用して呼びかけたという。 3月竜王宮祭に詩人の野口雨情を招待。「雨情次の一詩」を残している。（桂浜水族館2階展示室に陳列中）
1938 (昭和13)年4月9日	初代館長　流行性肺炎で急逝（享年53歳）。 2代目館長に亀齢長男の永國寛が就任。
1941 (昭和16)年12月8日	太平洋戦争勃発。一時的に閉館。 その間、3代目館長に亀齢三男の永國幸夫、4代目館長に亀齢四男の永國寿一が就任する。

1950 （昭和25）年3月18日〜5月7日	「南国高知産業大博覧会」の第2会場として桂浜には保勝会が設立され、水族館を中心に戦後の観光開発プロジェクトが動きはじめる。 25メートルのプールが増設され、浜に線路を敷き、生け捕りした鯨を運び入れるという世界でも例を見ない試みにも挑戦。鯨をプールで飼育するという試みだったが、博覧会の会期中に鯨が絶命。後半はホルマリン漬けにして展示する結果となった。ペンギンなどがお目見えしたのもこの時。25メートルプールは、その後ガシラやブリの釣り堀として人気を集めた。

昭和20年代の桂浜とハマスイの外観。

1952 （昭和27）年3月	社団法人化。高知県の博物館第1号に指定される。
1958 （昭和33）年4月5日〜5月13日	「南国高知総合大博覧会」に参加。 NHK大河ドラマ「竜馬がゆく」放映。 桂浜観光の客の遊覧コースにも変化が起きる。

昭和31年当時に使用されていた観覧券。

1966 （昭和41）年3月19日〜5月9日	「南国高知産業科学大博覧会」に参加。
1970 （昭和45）年	10号台風によって甚大な被害に遭う。

昭和30年ごろのハマスイとプール。「南国高知産業大博覧会」でクジラの展示用に25mプールを建設。夏場はプール、冬場は釣り堀として活用された。

1984 （昭和59）年3月	「黒潮大博覧会」の第2会場に指定されたことを契機に新館建設。現在地に移転して現在に至る。
1989 （平成元）年8月23日	5代目館長に亀齢六男の永國昌（ながくにさかん）が就任。

昭和30年代の絵葉書より。食堂や売店の様子。

2006 （平成17）年4月20日	6代目館長に永國雅彦が就任。
2014 （平成25）年4月1日	認可を受け、社団法人から公益社団法人に変わる。
2015 （平成27）年	桂浜水族館85周年を機に「なんか変わるで！桂浜水族館」をスローガンに掲げ改革を始める。神戸市立須磨海浜水族園と姉妹協定を結ぶ。（※現在は協定終了） 造形作家・デハラユキノリ氏と公式マスコットキャラクター「おとどちゃん」を誕生させる。
2018 （平成30）年6月	7代目館長に現館長・秋澤志名が就任。地元にある浦戸保育園に園内水族館「まりんらんど」をSDGs達成に向けた取組みとしてオープンする。
2019 （平成31）年2月	2019（平成31）年2月 高知市観光協会より高知市観光振興に大きく寄与したと表彰を受ける。

昭和31年当時に使用されていた観覧券。

まんが 桂浜水族館創設者・永國亀齢物語

① 元々、亀齢は高知の浦戸で漁師の網元をしていた

今日もぎょうさん獲ったどー!

② ある時、大阪へ視察旅行へ

大阪はすごいのう〜!

③ その際、明治36年に開館し、当時世界一といわれていた市営堺水族館も訪れた

噂の堺水族館とはどんなもんやろう

人も多いのう〜

④ ジャーーン!!!

こりゃあたまるか〜〜!!!

※水族館の様子は想像です

132

⑤ 高知に帰ってからも頭の中は水族館のことでいっぱい……

すごかった……

⑥
そんなによかったのかえ

いやほんま、堺水族館はめっそなぞ！

⑦
よしっ
あんなふうに土佐の魚を展示する場所をわしが作るぞ！！

メラメラ

⑧ そして昭和6年4月1日に開館
桂浜に坂本龍馬像ができ、観光地として注目度が高まっていた時期だった

⑨ しかし開館から3年後、昭和の三大台風の一つ室戸台風が上陸…桂浜にも大直撃！

ハマスイ

⑩ 甚大な被害を受け、一時的に閉館することに……

やばいやばい！

ゴゴゴゴ

バキッ
メリメリ

わ～～～壊れた！！

ザパーン

⑪ その後、なんとか無事に復旧・再開
翌年には鉄道土讃線が開通し、各地からさらに観光客が訪れた

21 種崎の水族館

予想より人出が少なくないか?

さっき、お客らが話しよるのを聞いたけんど、桂浜の方に新しい設備ができて、それが評判らしいぞ

22 なんじゃと!? 聞いちょらんぞ! いつの間に!!

偵察に行ってこい!

23 亀齢は、昭和3年に龍馬像が汽船で東京から神戸を経由し、竜頭崎へ設置されたことをヒントに、サプライズ新設を実現した

①桂浜から約6km離れた場所にある五台山の中で秘密裏に新設備をパーツに分けて作っておく。

ここなら気づかれんやろ!

②夜のうちに五台山から船で輸送開始!!

五台山
種崎
桂浜
土佐湾

③こっそり桂浜へ運び上げて、夜明けまでに組み立てて完成!!

これは豊臣秀吉の清洲城構築戦法でもあるき!

24 さらにこの時、浦戸城趾の山頂（現在の龍馬記念館がある場所の北側）に洋風の展望台も建設

水族館は桂浜一

浦戸湾を巡航船で渡ってくる観光客に向けて、拡声器を使って宣伝アナウンスを行い、桂浜を観光地として盛り上げていった

おしまい

タイプ別おすすめ飼育員♡診断チャート

以前、Twitterで大好評だった完全なる独断と偏見で作った桂浜水族館タイプ別おすすめ飼育員チャート。最新版の飼育員で作ってみました！あなたにぴったりなのは、どの飼育員かな？ 忙しくて悠長にやってられん！という人のための、忙しい人向けもご用意しております。気が効くゥ！

YES ⟶
NO ┈┈▶

スタート

恋愛に限らず、どちらかといえば年上といる方が居心地がいい ┈▶ 芸術や美術は鑑賞するより作家としてありたい ┈▶ 甘いものには目がなく、糖分が主電源 ⟶ 甘えん坊だが遠距離恋愛は苦手じゃない ⟶  **さめ**

↓ ↓ ⋮ ⋮

電話とメールならメールの方が楽だと思う ┈▶ 人間関係で問題が起きると話し合いで解決に努める ┈▶ 悩み事があると眠れなくなる ⟶ 食にこだわりがなく、基本的には腹が満たされたらそれでいい ⟶  **フジ**

↓ ↓ ⋮ ⋮

勤勉で集中すると何時間でも勉強できる ⟶ 漫才コンビを組むならボケ担当だ ┈▶ 大勢の前でも気負いせず自分を表現することが得意 ⟶ 嫌なことがあると顔に出やすい ⟶  **ラビ**

⋮ ↓ ⋮

 **せーいち**　 **ヤブ**　 **ウラ**　 **まるのん**

【せーいち】になったあなたは、自分の感覚に素直で甘えん坊な世渡り上手。上司や先輩からサポートを受け、直感を信じて突き進んでいくことでスキルアップを図り、道を切り開くことができるでしょう。そんなあなたは、せーいちのペンギン給餌を見て乱世を生き抜く力を身につけよう！

【ヤブ】になったあなたは、素朴な優しさと類まれなるセンスの持ち主。芯がしっかりしていて打たれ強い反面、がんばったことは褒めてもらわないとやる気がなくなってしまったり。人に尽くせるあなたは「アシカショー」で、飼育員ヤブに隠れた疲労を解消してもらおう。

【ウラ】になったあなたは、スタイリッシュに人生を楽しみたいタイプ。真面目で負けず嫌い、一度やると決めたことはしっかりやる仕事人。自分の理想に近づくために努力を惜しまないあなたは、飼育員ウラをつかまえて、魚についていろいろ教えてもらうと、ステップアップできるかも。

【まるのん】になったあなたは、情熱的で好きなものをとことん愛するために、時に感情的になって相手を焦がしてしまうタイプ。フットワークが軽く勤勉で、人が集まる場ではその場を仕切ることができいつもリーダー的存在に。とても寂しがり屋なあなたは「トドショー」でまるのんに元気をもらおう。

忙しい人のための♡診断チャート

YES ⟶
NO ‥‥‥▶

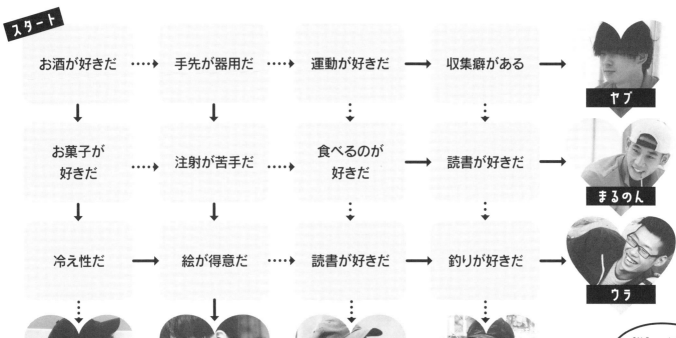

スタート

お酒が好きだ ‥‥▶ 手先が器用だ ‥‥▶ 運動が好きだ ⟶ 収集癖がある ⟶ 【ヤブ】

お菓子が好きだ ‥‥▶ 注射が苦手だ ‥‥▶ 食べるのが好きだ ⟶ 読書が好きだ ⟶ 【まるのん】

冷え性だ ⟶ 絵が得意だ ‥‥▶ 読書が好きだ ⟶ 釣りが好きだ ⟶ 【ウラ】

【さめ】　【フジ】　【せーいち】　【ラビ】

【ラビ】になったあなたは、自分が信じたことには頑固でまっすぐ真面目なタイプ。演劇が得意で、人前やステージに立ってなにかをすることを臆さず、そうして人を笑顔にすることに生きがいを感じることができるため、俳優業やモデル業に向いています。そんなあなたは、ラビのカピバラ給餌を見て演出力や表現力を高めよう。

【フジ】になったあなたは、老若男女問わず誰からも慕われるカリスマ性を持っており、繊細な手作業が得意で芸術面でも才能を発揮するタイプ。好きなことやものに対してはとことん突き詰めることができるため、職人気質なところも。そんなあなたは、フジが手掛けたPOPを見て魂を燃やしましょう。

【さめ】になったあなたは、ミステリアスな中に残るあどけなさに惹かれるタイプ。ようやく叶っても振りまわされる恋が多いのでは。桂浜水族館の「カワウソタイム」でモテ期体験をして自信を取り戻そう。あなたの中に眠る大切なものを飼育員さめが呼び起こしてくれるかも。

推しに行き着いたかよ？

桂浜水族館では、ハマスイで暮らす生き物の一部を、お世話のために必要なアイテムのリストで公開中しています。Amazonほしいものリストでプレゼントしてくれたものは、届くたびにファンの皆さんがプレゼントしてくれたものは、届くたびにTwitterでお礼投稿。その中のほんの一部ですが、この本にもしっかと記録したいと思います。みんなが、贈ってくれたその気持ち、しっかと受け取っちゃうよきにね！ありがとうゼヨ！！

みなさんから届いた
プレゼントの一部を
お披露目！

ハーネス

桂浜水族館のコツメカワウソ「王子くん」は人間でいうと「おっさん」の年齢なので、本物の「おっさんカワウソ」です。

ボール

さっそくさっきニコちゃんがニコニコサーブを決めて無観客席にぶち込みました！でもとっても弾力があって丈夫なので、これからいっぱいぶち込みます！

ウミガメのエサやりトング
とタオル

なんだかこのトング、並べるとふぞろいの林檎たち感あるの、エモ！ エサやり体験中、ウミガメにトングを食いとられたり、池に落としてしまった方は、必ずスタッフに教えてね！！

体重計

さっそくカピバラの体重測定をしました。カピィとバァラは約40kg、ムムは約20kg、テテは約15kgでした！ 体重管理も飼育員の大事なお仕事。ベストを尽くすぜよ！

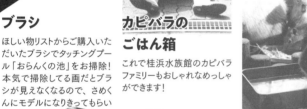

ブラシ

ほしい物リストからご購入いただいたブラシでタッチングプール「おらんくの池」をお掃除！本気で掃除してる画だとブラシが見えなくなるので、さめくんにモデルになりきってもらいました。というか、言わなくてもカメラを向けたら彼はもうモデルになっていた。

カピバラの
ごはん箱

これで桂浜水族館のカピバラファミリーもおしゃれなめっしゃができます！

カピバラの
プラ舟とバット

子カピーズのためのバットとプラ舟、届いています！皆様にあたたかく見守られて、子カピーズ、元気に育っています。身体の成長につれて個性も際立ってきました。

サンダル

海獣ボーイズのサンダル、大活躍しています！夏！！

ケルヒャー

なんとまぁ！！世にも奇妙なことに、公開していないAmazonほしい物リストからケルヒャーが届きました！！！勝手に購入し、プレゼントしてくださった方、犯人はわかってる！！！そこのお前！！！ありがとうございます！！！！

GoProの
保護フィルム

これで飼育員にキスしにくるトドやアシカの迫力、知られざる飼育員視点の世界をお届けできます！ GoProも皆様からの支援のおかげで購入することができました。いつもありがとう！！

バケツ

桂浜水族館では、うんちバケツとして使用するので、二枚目は、飼育員「ラビ」がバケツの中のうんちを撒き散らしているシチュエーションらしいです（？）。

工具セット

「ないなら作れ」精神でこれまでさまざまなものを手作りしてきた桂浜水族館。これでものづくりの範囲も広がるね！ しかし右手の軍手が二枚入っててﾜﾛﾀ。左手はいずこ………！

サンタ衣装

2019年12月1日から12月25日まで開催した桂浜水族館のクリスマスドドショーが無事幕を閉じました。この年はAmazonほしい物リストよりご購入いただいたサンタクロースの衣装で実施。皆様とともにつくり上げたおらんくな25日間となりました。ありがとう。ありがとう。

人工芝生

ペンギン団地を少しリニューアルしたので、ほしい物リストからご購入いただいた人工芝を設置いたしました!! 桂浜水族館のフンボルトペンギンたちの足を守る魔法の絨毯。新しい絨毯の上をペチペチ歩く姿がとても愛らしいです!!

クーラーボックス

エルちゃんとココちゃんのランチボックス！ エルちゃん、嬉しそうー！ プレゼントしてくださった方、本当にありがとうございます!! モリモリご飯食べて、いっぱい遊んで、コロナに負けんぞ！

台車

ベルトもクーラーボックスも以前ほしい物リストからプレゼントしていただいたものです！ 今日も大切に愛用しています。台車は、館内をご飯タクシーとして走り回っています。桂浜水族館のUber Eats !!

タイムカプセル

トドのおもちゃとして使用し、100周年を迎えた桂浜水族館に向けて綴った手紙を入れて桂浜に埋めます。（埋めない）11年後、みんな何をしているんだろう。それぞれの生きたい道で。

リクガメのご飯用のお皿

あら、フシギ！ お皿が違うといつものエサがこんなに魅力的に!! リクガメの食欲も倍増。

ゴーグル

ゴーグルをいただきましたぁぁぁぁぁぁぁぁぁぁぁぁぁぁぁぁ!!
プレゼントしてくださった方、ありがとうございまぁぁぁ

シューズ

購入していただいたシューズをしっかり履き潰しました。ありがとう、一緒に働いてくれて。生まれ変わってもまた靴だとしたらよろしくね。

ファン（夏のみ使用）

本館柱まわりの水槽の上に設置しているのでそっと覗いてみてください。どんなに暑くてもこれはお魚さんたち用だから持っていかないでねー！

サンキューみんな♡
みんながいるからハマスイがあるのです！

139

あとがき

この度は、「桂浜水族館公式BOOK ハマスイの
ゆかいないきもの」を手に取っていただき誠にあ
りがとうございます。

正直、もう二度とやりたくない。

初っ端、リモートでの打ち合わせは何度も回線
が切れて話が進まなかったし、同時進行となる
出版物がいくつかあって、膨大な写真の整理、
壮大なる校正。担当者さんの電話は毎度長いし、
仕事がなにも捗らない。もう二度とやりたくない
（笑）。

"なんか変わるで 桂浜水族館"をモットーに掲げ、
改革を始めてから5年。
「桂浜水族館、変わったね」「久しぶりにまた行き
たくなった」「云十年ぶりに来たけど、すごく良く
なってる」「正直馬鹿にしてたけど、見直したよ」

と言われるようになった。
北は北海道から南は沖縄、海外からも「飼育員
さんに会いに来ました」と手土産を持った方が笑
顔を輝かせる。
2021年4月1日で90歳を迎える老舗の水族館
だが、老体に鞭を打った甲斐があった。
毎日のようにいただくプレゼント、不意に届くラブ
レター、毎週やってくる年パス乱用者、頑なに年
パスの購入を拒否し、毎回チケットを購入する重
課金者、「ただいま」と言って帰ってくる人、桂
浜水族館は今日も「おらんくの水族館」として愛
に溢れている。
今やテレビやネットで姿を見ない日はないのでは
ないかというほどに注目されるようになり、SNS
を通して海外でも人気を博している。写真集や
ファンブックの出版依頼が舞い込み、飛ぶ鳥を
落とす勢いで桂浜水族館は創業89年を駆け抜
けた。まあ、その撃ち落とした鳥が閑古鳥だっ

たものだから、来館者が爆発的に増えることはなく、今日も今日とて望まなくとも貸し切り状態なのだが——……。

7代目館長が高らかに笑う。「89周年でこれほど盛り上がって、100周年はどうしたらいいの。私の計画より10年くらい先走っちゅうがやけど!」

大丈夫。
きっとこの先も忙しない未来が待っている。

今日に至るまで、さまざまな出会いと別れがあった。新型コロナウイルスによる長期休館中にも、桂浜水族館はいのちとの別れを見つめた。奇跡は、いのちの環の中にあって、天国で生きる彼らが手繰り寄せてくれたのかもしれない。2020年9月28日にコツメカワウソの「王子」と「桜」の間に赤ちゃんが生まれた。「王子」は身体的特徴から子どもを作るのは無理だろうと言われていたが、「桜」との間で未来を紡いだのだ。

さあ、なんか変わり続けながら、創業100周年を迎えよう。

高知の桂浜から、世界を変えにいこうかね。

SPECIAL THANKS

この本の制作に関わったすべての方。
そして、今日も今日とて桂浜水族館をこよなく愛するハマスイマーたち。

ハマスイへのアクセス方法

住所：高知県高知市浦戸778

電話：088-841-2437

営業時間：9:00 ～ 17:00

定休日：年中無休

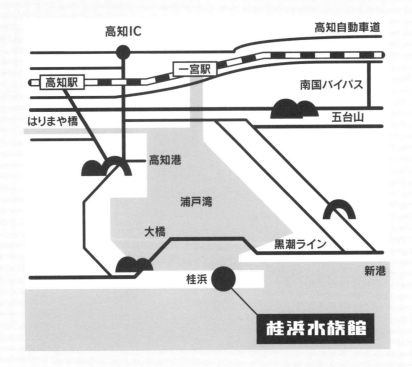

🐟 とさでん交通バス利用の場合
「JR高知駅」または「はりまやばし」バス停から桂浜行のバスに乗り、約30分

🐟 飛行機の場合
高知龍馬空港からはタクシー、車で約30分

※レンタカーを借りない場合は空港から高知駅行きのバスに乗り、

「はりまやばし」バス停で桂浜行のバスに乗り換え。

連絡がスムーズに行けば1時間強で到着します。

🐟 車の場合
高知自動車道、「高知IC」より約30分

桂浜公園駐車場　高知市浦戸779 8:30 ～ 18:00まで　収容台数500台

かつらはますいぞくかんこうしきぶっく
桂浜水族館公式BOOK ハマスイのゆかいないきもの
2021年2月1日　初版第1刷発行

監修　桂浜水族館

撮影　森香央理、前田将吾
企画・編集　西村依莉
協力　龍馬の生まれたまち記念館、むろと廃校水族館、
北川村「モネの庭」マルモッタン、はらわたちゅん子、木村来夢
デザイン　松村大輔（のどか制作室）
進行　磯部祥行（実業之日本社）

発行者　岩野裕一
発行所　株式会社実業之日本社
〒107-0062
東京都港区南青山5-4-30　CoSTUME NATIONAL Aoyama Complex 2F
電話【編集部】03-6809-0452
【販売部】03-6809-0495
www.j-n.co.jp

印刷・製本　大日本印刷株式会社

ISBN 978-4-408-33961-0（アウトドア）

この本持って、ゆかいないきものに会いに来てや〜！

桂浜水族館

🐦 Twitter & 📷 Instagram @katurahama_aq

▶️ YouTube   https://www.youtube.com/channel/UC-X5T2sXAHcZdQ8mS6D_wMw

📘 Facebook   https://www.facebook.com/katurahama/

公式サイト   https://katurahama-aq.jp